村庄整治技术手册

坑塘河道改造

住房和城乡建设部村镇建设司　组织编写

凌　霄　主编

中国建筑工业出版社

图书在版编目(CIP)数据

坑塘河道改造/凌霄主编．—北京：中国建筑工业出版社，2009
(村庄整治技术手册)
ISBN 978-7-112-11651-5

Ⅰ.坑… Ⅱ.凌… Ⅲ.农村—河道整治—技术手册
Ⅳ.TV85-62

中国版本图书馆 CIP 数据核字(2009)第 219590 号

村庄整治技术手册
坑塘河道改造
住房和城乡建设部村镇建设司　组织编写
凌　霄　主编

*

中国建筑工业出版社出版、发行(北京西郊百万庄)
各地新华书店、建筑书店经销
北京天成排版公司制版
北京云浩印刷有限责任公司印刷

*

开本：880×1230 毫米　1/32　印张：4¼　字数：130 千字
2010 年 3 月第一版　2014 年 8 月第二次印刷
定价：**14.00 元**
ISBN 978-7-112-11651-5
(18907)

版权所有　翻印必究
如有印装质量问题，可寄本社退换
(邮政编码　100037)

本书是村庄整治技术手册之一，主要包括绪论、村庄水系规划、坑塘河道生态堤岸构建、坑塘河道截污与水质改善、坑塘河道扩容补水与防渗、坑塘河道淤泥综合利用、坑塘河道安全防护与管理、坑塘河道综合改造案例等内容。可供村镇规划建设、工程设计、施工管理技术人员使用参考。

* * *

责任编辑：刘　江
责任设计：赵明霞
责任校对：陈　波　兰曼利

《村庄整治技术手册》组委会名单

主　任：仇保兴　住房和城乡建设部副部长
委　员：李兵弟　住房和城乡建设部村镇建设司司长
　　　　赵　晖　住房和城乡建设部村镇建设司副司长
　　　　陈宜明　住房和城乡建设部建筑节能与科技司司长
　　　　王志宏　住房和城乡建设部标准定额司司长
　　　　王素卿　住房和城乡建设部建筑市场监管司司长
　　　　张敬合　山东农业大学副校长、研究员
　　　　曾少华　住房和城乡建设部标准定额所所长
　　　　杨　榕　住房和城乡建设部科技发展促进中心主任
　　　　梁小青　住房和城乡建设部住宅产业化促进中心副主任

《村庄整治技术手册》
编委会名单

主　编： 李兵弟　住房和城乡建设部村镇建设司司长、教授级高级城市规划师

副主编： 赵　晖　住房和城乡建设部村镇建设司副司长、博士

　　　　　徐学东　山东农业大学村镇建设工程技术研究中心主任、教授

委　员：（按姓氏笔画排）

卫　琳　住房和城乡建设部村镇建设司村镇规划（综合）处副处长

马东辉　北京工业大学北京城市与工程安全减灾中心研究员

牛大刚　住房和城乡建设部村镇建设司农房建设管理处

方　明　中国建筑设计研究院城镇规划设计研究院院长

王旭东　住房和城乡建设部村镇建设司小城镇与村庄建设指导处副处长

王俊起　中国疾病预防控制中心教授

叶齐茂　中国农业大学教授

白正盛　住房和城乡建设部村镇建设司农房建设管理处处长

朴永吉　山东农业大学教授

米庆华　山东农业大学科学技术处处长

刘俊新　住房和城乡建设部农村污水处理北方中心研究员

张可文　《施工技术》杂志社社长兼主编

肖建庄　同济大学教授

赵志军　北京市市政工程设计研究总院高级工程师

郝芳洲	中国农村能源行业协会研究员
徐海云	中国城市建设研究院总工程师、研究员
顾宇新	住房和城乡建设部村镇建设司村镇规划（综合）处处长
倪 琪	浙江大学风景园林规划设计研究中心副主任
凌 霄	广东省城乡规划设计研究院高级工程师
戴震青	亚太建设科技信息研究院总工程师

序

当前，我国经济社会发展已进入城镇化发展和社会主义新农村建设双轮驱动的新阶段，中国特色城镇化的有序推进离不开城市和农村经济社会的健康协调发展。大力推进社会主义新农村建设，实现农村经济、社会、环境的协调发展，不仅经济要发展，而且要求大力推进生态环境改善、基础设施建设、公共设施配置等社会事业的发展。村庄整治是建设社会主义新农村的核心内容之一，是立足现实、缩小城乡差距、促进农村全面发展的必由之路，是惠及农村千家万户的德政工程。它不仅改善了农村人居生态环境，而且改变了农民的生产生活，为农村经济社会的全面发展提供了基础条件。

在地方推进村庄整治的实践中，也出现了一些问题，比如乡村规划编制和实施较为滞后，用地布局不尽合理；农村规划建设管理较为薄弱，技术人员的专业知识不足、管理水平较低；不少集镇、村庄内交通路、联系道建设不规范，给水排水和生活垃圾处理还没有得到很好解决；农村环境趋于恶化的态势日趋明显，村庄工业污染与生活污染交织，村庄住区和周边农业面临污染逐年加重；部分农民自建住房盲目追求高大、美观、气派，往往忽略房屋本身的功能设计和保温、隔热、节能性能，存在大而不当、使用不便、适应性差等问题。

本着将村庄整治工作做得更加深入、细致和扎实，本着让农民得到实惠的想法，村镇建设司组织编写了这套《村庄整治技术手册》，从解决群众最迫切、最直接、最关心的实际问题入手，目的是为广大农民和基层工作者提供一套全面、可用的村庄整治实用技术，推广各地先进经验，推行生态、环保、安全、节约理念。我认为这是一项非常及时和有意义的事情。但尤其需要指出的是，村庄整治工作的开展，更离不开农民群众、地方各级政府和建设主管部门以及社会各界的共同努力。村庄整治的目的是为农民办实事、办好事，我希望这套丛书能解决农村一线的工作人员、技术人员、农民参与村庄整治的技术需求，能对农民朋友们和广大的基层工作者建设美好家园和改变家乡面貌有所裨益。

仇保兴

2009 年 12 月

前 言

《村庄整治技术手册》是讲解《村庄整治技术规范》主要内容的配套丛书。按照村庄整治的要求和内涵，突出"治旧为主，建新为辅"的主题，以现有设施的改造与生态化提升技术为主，吸收各地成功经验和做法，反映村庄整治中适用实用技术工法（做法）。重点介绍各种成熟、实用、可推广的技术（在全国或区域内），是一套具有小、快、灵特点的实用技术性丛书。

《村庄整治技术手册》由住房和城乡建设部村镇建设司和山东农业大学共同组织编写。丛书共分13分册。其中，《村庄整治规划编制》由山东农大组织编写，《安全与防灾减灾》由北京工业大学组织编写，《给水设施与水质处理》由北京市市政工程设计研究总院组织编写，《排水设施与污水处理》由住房城乡建设部农村污水处理北方中心组织编写，《村镇生活垃圾处理》由中国城市建设研究院组织编写，《农村户厕改造》由中国疾病预防控制中心组织编写，《村内道路》由中国农业大学组织编写，《坑塘河道改造》由广东省城乡规划设计研究院组织编写，《农村住宅改造》由同济大学组织编写，《家庭节能与新型能源应用》由亚太建设科技信息研究院组织编写，《公共环境整治》由中国建筑设计研究院城镇规划设计研究院组织编写，《村庄绿化》由浙江大学组织编写，《村庄整治工作管理》由山东农业大学组织编写。在整个丛书的编写过程中，山东农业大学在组织、协调和撰写等方面付出了大量的辛勤劳动。

本手册面向基层从事村庄整治工作的各类人员，读者对象主要包括村镇干部，村庄整治规划、设计、施工、维护人员以及参与村庄整治的普通农民。

村庄整治技术涉及面广，手册的内容及编排格式不一定能满足所有读者的要求，对书中出现的问题，恳请广大读者批评指正。另外，村庄整治技术发展迅速，一套手册难以包罗万象，读者朋友对在村庄整治工作中遇到的问题，可及时与山东农业大学村镇建设工程技术研究中心（电话0538-8249908，E-mail：zgczjs@126.com）联系，编委会将尽力组织相关专家予以解决。

编委会

2009年12月

本书前言

自古以来，人类就依水而居，近水而种，这是因为水是生命的源泉、人类文化的摇篮、经济社会发展的命脉。我们知道，坑塘、河道是村庄水系的重要组成部分，它不仅对维持健康的生态环境功能至关重要，而且是灌溉、排涝、发展经济和安居乐业的生命线。

但是，随着社会经济的发展以及工业化进程的加快，目前村庄坑塘河道存在的问题数不胜数，可归结为六大类：挤窄、冲损、淤积、污臭、费钱、隔绝。为了解决这些问题，较好的办法是"综合治理"，即按照生态水利的指导方针，围绕生态水利建设追求的目标，运用工程措施与非工程措施多管齐下的治理策略。

本书由广东省城乡规划设计研究院负责编写，其中第2、4、5、6章和第8章第1节主要由广东省城乡规划设计研究院凌霄编写；第1、3、7章和第8章第2节主要由山东农业大学颜宏亮编写；全书由凌霄负责统稿、张志坚负责审稿。

限于编者水平，书中不妥之处，请读者批评指正。

目 录

1 绪论 …………………………………………………………… 1
  1.1 坑塘河道及主要问题 ………………………………………… 1
    1.1.1 坑塘河道改造 ………………………………………… 1
    1.1.2 主要问题解析 ………………………………………… 1
  1.2 解决坑塘河道问题的科学途径 ……………………………… 5
    1.2.1 坑塘河道生态化改造科学理念 ……………………… 5
    1.2.2 坑塘河道生态化综合治理技术路线 ………………… 7

2 村庄水系规划 ………………………………………………… 9
  2.1 坑塘河道改造对象界定 …………………………………… 9
    2.1.1 坑塘河道使用功能分类及要求 ……………………… 9
    2.1.2 坑塘河道改造对象界定 ……………………………… 9
    2.1.3 坑塘河道改造适用条件 ……………………………… 10
  2.2 村庄水系规划原则与步骤 ………………………………… 10
    2.2.1 村庄水系规划原则 …………………………………… 10
    2.2.2 村庄水系规划步骤 …………………………………… 12
  2.3 村庄水系规划主要内容 …………………………………… 13
    2.3.1 现状水系评价 ………………………………………… 13
    2.3.2 水系总体布局方案 …………………………………… 13
    2.3.3 水系调蓄措施及运行控制 …………………………… 13
    2.3.4 生态护岸及绿化景观 ………………………………… 13
    2.3.5 防洪排涝功能校核 …………………………………… 14
  2.4 村庄水系规划成果要求 …………………………………… 14
    2.4.1 成果总体要求 ………………………………………… 14
    2.4.2 规划说明书 …………………………………………… 14
    2.4.3 整治项目及估算一览表 ……………………………… 15
    2.4.4 规划图纸 ……………………………………………… 15

3 坑塘河道生态堤岸构建 ·············· 16
3.1 坑塘河道堤岸改造技术分类 ·············· 16
3.1.1 传统护岸及其特点 ·············· 16
3.1.2 生态护岸及其特点 ·············· 17
3.1.3 传统护岸与生态护岸特征比较 ·············· 19
3.1.4 各种护岸工程造价比较 ·············· 20
3.2 基本生态类防护技术及工法 ·············· 20
3.3 植生生态类防护技术及工法 ·············· 28
3.4 复合生态类防护技术及工法 ·············· 32
3.5 绿化混凝土生态护坡技术及工法 ·············· 37
3.6 绿维生态护坡技术及工法 ·············· 41

4 坑塘河道截污与水质改善 ·············· 46
4.1 坑塘河道截污排水系统选择 ·············· 46
4.1.1 排水系统 ·············· 46
4.1.2 截污排水系统 ·············· 46
4.1.3 排水系统选择 ·············· 48
4.2 坑塘河道水体自净机理 ·············· 49
4.3 坑塘河道水质改善方法 ·············· 50
4.4 坑塘河道水质改善生态技术 ·············· 52

5 坑塘河道扩容补水与防渗 ·············· 68
5.1 坑塘河道扩容 ·············· 68
5.1.1 坑塘河道扩容原则 ·············· 68
5.1.2 坑塘河道疏浚方案 ·············· 69
5.1.3 坑塘河道疏浚整治对策 ·············· 70
5.2 坑塘河道补水技术 ·············· 72
5.2.1 补水原则 ·············· 72
5.2.2 补水量计算 ·············· 74
5.2.3 补水方案设计 ·············· 77
5.2.4 引水明渠设计与蓄水方式选用 ·············· 79

  5.3 坑塘渠道防渗技术 ……………………………………… 81

6 坑塘河道淤泥综合利用 …………………………………… 90
  6.1 淤泥特性与农用标准 …………………………………… 90
    6.1.1 淤泥开采与贮存 …………………………………… 90
    6.1.2 淤泥物理化学特性 ………………………………… 90
    6.1.3 淤泥农用标准 ……………………………………… 92
  6.2 淤泥综合利用技术 ……………………………………… 94

7 坑塘河道安全防护与管理 ………………………………… 108
  7.1 坑塘河道日常安全防护 ……………………………… 108
  7.2 坑塘河道保洁管理 …………………………………… 109
    7.2.1 保洁作业方式 …………………………………… 110
    7.2.2 保洁管理制度 …………………………………… 110
    7.2.3 水葫芦的防治 …………………………………… 110

8 坑塘河道综合改造案例 …………………………………… 112
  8.1 广东云浮市古宠村坑塘改造工程 …………………… 112
    8.1.1 古宠村简介 ……………………………………… 112
    8.1.2 治污概况 ………………………………………… 113
    8.1.3 工艺流程 ………………………………………… 113
    8.1.4 工艺参数 ………………………………………… 114
    8.1.5 主要技术 ………………………………………… 115
    8.1.6 处理效果 ………………………………………… 115
    8.1.7 建设维护 ………………………………………… 115
    8.1.8 案例小结 ………………………………………… 115
  8.2 山东泰山南麓某城边村坑塘河道改造工程 ………… 116
    8.2.1 水系现状 ………………………………………… 116
    8.2.2 改造方案 ………………………………………… 117
    8.2.3 案例小结 ………………………………………… 117

参考文献 ………………………………………………………… 118

1 绪 论

1.1 坑塘河道及主要问题

1.1.1 坑塘河道改造

1. 坑塘河道定义[1]

坑塘(pit-pond)是指人工开挖或天然形成的积水洼地,包括养殖、种植塘和湖泊、河渠形成的支汊水体等。坑塘比池塘的范围更广,且封闭的坑塘更需要改造成水体循环的水面。

河道(river)是指流经村庄聚居点的自然或人工河道。

2. 坑塘河道改造的必要性

村庄坑塘河道水系是乡村重要的自然景观元素,同时也是乡镇文化机理的有机组成部分。整治村庄坑塘河道水系对于优化农村生活空间,促进社会主义新农村建设具有重要意义。从农业和农村发展趋势看,农业和农村要实现现代化,农村生活要逐步达到文明化,以水为重点的环境综合整治是重要的一环。过去较长的一段时间,村庄坑塘河道水系作为农村水利的一个方面,较多注重是引水保灌溉、防洪排涝等群众的基本需求,较多偏重水安全,很少兼顾水生态,更少考虑或基本不考虑水文化。

1.1.2 主要问题解析

目前,村庄坑塘河道存在的问题数不胜数,可归结为六大类:"挤窄"、"冲损"、"淤积"、"污臭"、"费钱"、"隔绝",简称"挤、冲、淤、臭、费、绝"。

1. 挤窄

村庄的建设常常挤占坑塘河道,使得坑塘河道整治时的"拆迁"成为最头疼的难题。这势必造成许多坑塘河道被"挤窄",部分被水泥板覆盖,使坑塘河道空间减小,水面缩窄,行洪蓄洪能力降低,生态修复能力下降,同时,地面硬底化使得地表径流量增加,导致洪涝灾害更易发生,这给村民的生产、生活带来诸多不利影响,见图1-1。

(a)　　　　　　　　　　　　(b)

图1-1　坑塘河道被农房挤占
(a)坑塘；(b)河道

2. 冲损

挤窄后使得水面急剧缩减,行洪断面不足,河道堤岸易"冲损"破坏、决口,农田、鱼池易淹没,房屋易损毁,严重制约村庄发展,见图1-2。

(a)　　　　　　　　　　　　(b)

图1-2　坑塘河道堤岸冲刷损坏
(a)坑塘；(b)河道

3. 淤积

随着农民生活水平的提高,农村生活垃圾成分也变得越来越复杂，垃圾造成的公害也越来越让人们担心，表现为：生活垃圾回收处理不到位，公共卫生公德缺失，导致大量垃圾进入坑塘河道，枯水季节"淤积"堵塞坑塘河道，洪水到来时其行洪蓄洪能力受到影响，见图1-3。

图1-3　坑塘河道被垃圾杂物占满
(a)坑塘；(b)河道

4. 污臭

在农村没有完备的污水收集处理系统之前，坑塘河道仍然承担着排放生活污水的功能，这使得坑塘河道的水质普遍变得"污臭"，进而常常影响居住生活环境。虽然国家提倡和扶持农村污水处理设施的建设，并要求污水处理尽可能达标排放，但实际污水处理量还极少，农村的水环境质量状况很不乐观，见图1-4。

图1-4　坑塘河道水黑而臭
(a)坑塘；(b)河道

5. 费钱

为了美化坑塘河道护岸环境，通常的做法是加高培厚堤防，修筑混凝土河床、浆砌块石岸墙和栏杆等。可见，这样做"费钱"相当多，不宜在农村大规模推广，见图 1-5。

图 1-5　坑塘河道非生态化堤岸造价高
(a)坑塘；(b)河道

6. 隔绝

人们常用的硬质铺装能起到隔离污水渗透的作用，然而，对被"隔绝"了的坑塘河道存在负面影响，如果水系与土地及其他生物环境相分离，地下水与地表水的交换被阻断，生物的生存条件被破坏，会削弱坑塘河道生态的自然修复功能，丧失坑塘河道生态的多样性，失去自净能力，加剧水污染程度，见图 1-6。

图 1-6　"三面光"坑塘河道
(a)坑塘；(b)河道

1.2 解决坑塘河道问题的科学途径

1.2.1 坑塘河道生态化改造科学理念[2,3]

1. 水生态系统

水生态系统是以自然水系统为载体的生命系统。水生态系统由生产者、消费者和分解者构成。水生态系统的主要生产者是各种绿色植物和光合细菌等自养生物。以自养生物或其他生物为食的异养生物成为一级消费者，如鱼、虾等；以食草动物为生的肉食动物称二级消费者，如蛇、青蛙等；更高级的食肉动物称为三级消费者。分解者如细菌、真菌、放射菌和原生动物等，他们将生物活动过程代谢产物以及生物本身死亡后的残骸，重新分解为简单的无机物，供生产者使用，见图1-7。

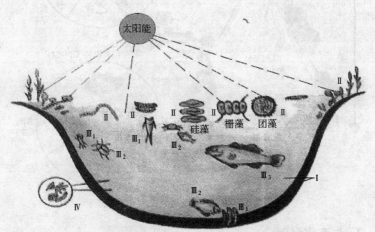

（Ⅰ.非生物的物质　Ⅱ.生产者　Ⅲ.消费者　Ⅳ.分解者）

图1-7　坑塘生物群落结构和功能

村庄水生态系统主要包括坑塘和河道两大类型。河道属动水环境，能不断地输入营养物和排除废弃物，比坑塘等静水环境的生产力高很多倍。河道包括河床和在其中流动的水，属流水型生态系统，是陆地与水体的联系纽带，在生物圈中起着重要作用，生态系统的主要结构包括大型水生植物、微型植物、动物、细菌、真菌和河岸生态，见图1-8。

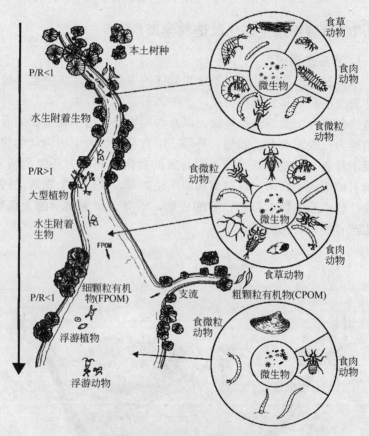

图1-8 河道生物群落结构和功能

2. 生态水利理念

生态水利是把人和水体作为整个生态系统的要素来考虑，照顾到人和自然对水利的共同需求，通过建立有利于促进生态水利工程规划、设计、施工和管理的运行机制，达到水生态系统改善和优化、人与自然和谐、水资源可持续利用、社会可持续发展的目的。要实现人与自然的和谐共处，必须尊重生态法则，将生态用水列入水资源开发、利用和配置方案中，抢救和保护湿地生态系统，逐步恢复湿地生物多样性。水资源的开发利用不仅要考虑量和质的问题,而且应该是在不超过生态系统自我调节和自我修复能力前提下的合理开发利用。

1.2.2 坑塘河道生态化综合治理技术路线

坑塘-1:坑塘河道生态化综合治理技术路线

对于治理坑塘河道的主要问题——挤、冲、淤、臭、费、绝,没有百病皆治的灵丹妙药,较好的办法是"综合治理"。

综合(Comprehensive)——工程措施与非工程措施、传统改造技术和生态化技术多管齐下。

治理(Management)——整治、修复和保护多方并举。

坑塘河道生态化综合治理,应按照生态水利的指导方针,围绕生态水利建设追求的目标,运用工程措施、净化措施、社会措施(非工程措施)等一切手段,并因地制宜采用科学适用的实用技术,见图1-9。坑塘河道改造的基本前提是要有水,俗话说"流水不腐",重点在水体的循环流动。

(a) (b)

图1-9 生态化坑塘河道
(a)坑塘;(b)河道

针对不同地区的村庄,坑塘河道改造的内容应有所侧重。例如:富水流域,重点是防止丰雨引发的洪水及其他自然灾害和枯水季节的富营养化水体污染。缺水流域,重点是保持常年流水,以及防治坑塘河道的挤窄、冲损、淤积、污臭、费钱、隔绝问题。山区，重点应防洪和蓄水相结合，退耕还林，搞好水土保持。丘陵，重点应长藤(河、渠)结瓜(塘、库)，搞好水土保持。平原，重点应解决旱与涝，还要防止次生盐碱化。滨海，重点是修筑台田、引水洗盐、深沟排涝，并水产养殖、耐碱速生植物发展林木畜牧。

(1) 治理目标：坑塘河道生态化。
(2) 治理方针：重视生态水利建设，尽早开展坑塘河道改造。
(3) 治理原则：水系综合规划宏观控制，集成技术微观支撑。
(4) 治理策略：统筹水系、综合规划、多寡调剂、流水不腐。
(5) 主要次要：防重于治、建重于改、沿途精治、减少处理。
(6) 先后顺序：有钱早干、没钱晚干、不能不干、鼓励先干。
(7) 治理办法：
- 规划先行：调整河势、长藤结瓜、流水不腐、水体净化；
- 工程措施：优化设计、堤岸建设、截污控源、扩容补水；
- 净化措施：植物净化、动物净化、生物净化、综合净化；
- 社会措施：加强宣传、公众参与、开源节流、发展水利。

2 村庄水系规划

为了使村庄坑塘河道改造适应新农村要求，必须从规划入手，而且规划要组织群众参与，集思广益，吸收民智，统筹考虑水安全、水资源、水环境综合治理，统筹兼顾工程措施和非工程措施并举，使之既符合村庄水系的自然规律，又符合农村经济社会发展需要。

2.1 坑塘河道改造对象界定[1]

2.1.1 坑塘河道使用功能分类及要求

坑塘河道应保障使用功能，满足村庄生产、生活及防灾需要。严禁采用填埋方式废弃、占用坑塘河道。坑塘使用功能包括旱涝调节、渔业养殖、农作物种植、消防水源、杂用水、水景观及污水净化等，河道使用功能包括排洪、取水和水景观等。

应根据自然条件、环境要求、产业状况及坑塘现有水体容量、水质现状等调整和优化坑塘功能，并应符合下列规定：

（1）临近湖泊的坑塘应以旱涝调节为主要功能，兼顾渔业养殖功能；临近村庄的坑塘应以消防备用水源、生活杂用水为主要功能；临近村庄集中排污方向的坑塘宜优先作为污水净化功能使用。

（2）坑塘功能调整不应取消和降低原有坑塘旱涝调节功能。

（3）河道整治不应改变原有功能，应以维护河道行洪、取水功能为主要目的。已废弃坑塘在满足有关规定的情况下，可采取拆除障碍物、清理坑塘、疏浚坑塘进出水明渠、改造相关涵闸等措施整治，恢复其基本使用功能。

2.1.2 坑塘河道改造对象界定

村庄内部的坑塘河道与人居环境密切相关，近些年村庄内部的水

(a)　　　　　　　　　　　(b)

图 2-1 "脏乱差"坑塘河道

(a)坑塘；(b)河道

体和沿岸环境日趋恶化,严重影响公共卫生和村容村貌(见图 2-1),是村庄整治的重点内容之一。

(1)坑塘改造对象主要指村庄内部与村民生产生活直接密切关联,有一定蓄水容量的低地、湿地、洼地等,包括村内养殖、种植用的自然水塘,也包括人工采石、挖砂、取土等形成的积水低地。

(2)河道整治对象主要指流经村内的自然河道和各类人工开挖的沟渠。

2.1.3 坑塘河道改造适用条件

当坑塘河道存在下列情况时,应根据当地条件进行整治:

(1)坑塘河道使用功能受到限制,影响村庄公共安全、经济发展或环境卫生;

(2)废弃坑塘土地闲置,重新使用具有明显的生态、环境或经济效益。

2.2　村庄水系规划原则与步骤

2.2.1　村庄水系规划原则

1. 提高水系的统筹协调

村庄水系是流域水系的重要组成部分,对村庄水系、水面的改造和建设,必须与流域水系相协调,以确保流域性或区域性水系在村庄范围内必须保持水流的畅通和行洪的安全。

2. 回归坑塘河流自然本色

田园风光,河流之美不在其水量多少,而在其动人之态,其动人之处就在于"自然"。要尽量保持河流自然本色,杜绝或减少圬工护堤、衬底,多用和推广生态护岸,并运用自然的乡土植被和砂砾修筑,保持一定量的底泥,既提供给人以视觉上的美感,又能植树种草,为鱼类和其他水生生物的生存提供场地,体现水体的自然景观,使其具有较强的截污、净化功能和鲜活的生命力。同时,充分发挥坑塘河道的综合功能,使农村水环境重新成为各类水生物、鱼类游乐栖息的"乐园",又能实现"水清、河畅、岸绿、景美"的美好景象,见图2-2。

图2-2 自然生态和谐宜人之美丽坑塘河道
(a)生态坑塘;(b)绿色坑塘;(c)自然河道;(d)滨水岸线

3. 尊重自然生态及多样性原则

在村庄水系规划中，尽量减少对自然坑塘河道的开挖与围填，避免过多的人工化，以保持水系的自然特性和风貌。同时，遵循水的自然运行规律，并依据景观生态学原理，模拟自然水系的自然生态群落结构，以绿化及植物造景为主体，营造自然的富有生趣的滨水景观，构建丰富多样的生态环境，充分发挥坑塘河流在保护生态平衡、调节气候等方面的综合作用，实现村庄水系的可持续发展，见图 2-2。

4. 重塑滨水岸线体现人文关怀

以生态为主线，统筹环境保护、休闲、文化及感知需求来启动村庄水系的规划建设。更加注重水系生态修复，更加突出景观设计，尽显回归自然、恢复生态、以人为本、人水相亲、和谐自然的理念。以生态绿化作为景观的生命基质，培植乔、灌、草立体绿化，适当造形，丰富景观变化。在南国就要有南国水乡的风情，在北方就有北方村落的特色，流经农村时就该是农村的风景，流经城镇的部分就该有集镇的特色。通过规划建设村庄连续通畅的滨水林荫道、散步道及设置休闲设施，将坑塘河道景观与周围环境有机地融为一体，为村民创造一个心情舒畅的生活、休闲、栖息环境，见图 2-2。

2.2.2 村庄水系规划步骤

1. 搜集村庄基础资料

搜集资料，调查研究，是编制规划方案的基础。村庄水系规划中所需的资料，归纳如下：

（1）村庄整治对水系的内在要求；水利、环保、卫生、农业等部门对水系利用及保护的基本要求。

（2）村庄内外坑塘、河道等水系的现有情况，并绘制水系现状图；调查分析现有水系中存在的主要问题及薄弱环节。

2. 构建村庄水系规划方案

在掌握原始资料基础上，着手考虑水系规划方案，并绘制方案草图，估算工程造价，分析方案优缺点。

3. 绘制村庄水系规划图和编写简要说明

当水系规划方案确定后,绘制村庄水系规划图,图上标明水系中的坑塘河道功能、控制标准、大小,以及村庄水系的进出口位置、水位控制等信息。图上未能表达的内容应采用文字说明。

2.3 村庄水系规划主要内容

坑塘-2：村庄水系规划主要内容

2.3.1 现状水系评价

主要阐述村庄及其周边坑塘、河道等水系的详细情况,并对水系的现状进行定量或定性的评价。

2.3.2 水系总体布局方案

在保障行洪功能和水系畅通的前提下,结合村庄总体规划布局,重点解决村庄引水、排水、水质保护、景观效果等问题。规划内容主要包括坑塘河道的布局及配套工程设施的布局,并明确各种设施的建设规模和建设标准等要求。

2.3.3 水系调蓄措施及运行控制

如何在保障村庄水系行洪安全的同时,维持村庄水系必要的生态环境用水及景观亲水水位,是村庄水系规划的关键。维护水系的水质是水系规划的难点。水位运行控制是充分实现水系功能的控制因素。规划内容主要包括水系调蓄的具体方案和运行控制措施。

2.3.4 生态护岸及绿化景观

护岸是水体与陆域的交接面,其规划设计应满足提升生态环境、结构稳定安全、视觉景观美化、亲水可游等功能要求。绿化景观是为了村庄生活、生产环境的美化。规划内容主要包括生态护岸的构筑形式、堤岸物种的选择等。

2.3.5 防洪排涝功能校核

村庄水系的安全是规划的主要目标之一,通过校核村庄水系的行洪、排涝能力,可以防止洪涝灾害的发生。

2.4 村庄水系规划成果要求

坑塘-3:村庄水系规划成果要求

2.4.1 成果总体要求

村庄水系规划的成果应达到"三个一",即包括一本简要的规划说明书、一张整治项目及估算一览表和一套规划图纸(包括水系现状图、水系规划图)。各地可根据村庄的实际情况,对村庄水系规划的成果要求进行适当的扩展补充。

(1)规划说明书是对规划目标、原则、内容和有关规定性要求等进行必要的解释和说明的文本。

(2)整治项目及估算一览表是表达村庄水系改造的主要项目及其投资估算等内容的表格。

(3)规划图纸是表达现状和规划设计内容的图示。

2.4.2 规划说明书

规划说明书的文字表达,应当简要、规范、通俗易懂,其主要章节应包括:

(1)村庄概况及总则,主要包括村庄自然、历史、人口和社会经济发展的特点,以及规划范围、整治目标、规划原则和规划依据等;

(2)现状水系评价;

(3)水系总体布局方案;

(4)水系调蓄措施及运行控制;

(5)生态护岸及绿化景观;

(6)防洪排涝功能校核;

(7) 规划实施的措施与建议。

2.4.3 整治项目及估算一览表

整治项目及估算一览表主要栏目包括：项目类型、工程量、投资估算、资金来源和实施时序。

1. 项目类型和工程量

将整治项目根据需要进行细分，列出工程量。

2. 投资估算

根据各整治项目的工程量，结合当地市场指导价格，估算各类项目造价和投资金额。

3. 资金来源

区分不同整治项目的投资主体、资金筹措渠道和筹措方式，明确资金额和到位时间。

4. 实施时序

根据村庄现状及资金筹措情况，统筹整治项目的实施时序，具体明确项目的实施时间和进度安排。

2.4.4 规划图纸

规划图纸应尽量绘制在有效的最新地形图上，主要包括村庄规划图、水系现状图、水系规划图。图纸上应显示地形和建设现状，并标注项目名称、图名、比例尺（1∶500～1∶2000）、图例、绘制时间、规划设计单位名称或编制人员签字。

规划图纸表达的内容和要求应与规划说明书一致。

1. 村庄规划图

标明村庄的总体布局，以及与水系相关的配套设施的规划信息。

2. 水系现状图

标明自然地形地貌、现状各类坑塘河道的分布、走向、大小；标明现状各类工程设施的规模等。

3. 水系规划图

标明需整治坑塘的位置和用地范围；标明需整治河道的走向和路段；标明引水等配套工程设施的位置和用地范围。

3 坑塘河道生态堤岸构建

生态护岸是可以使水体与土体、水体与生物间相互涵养且适合生物生长的仿自然状态护岸。虽然目前我国还没有这方面的标准规范，但近几年有一些高校和企事业单位从事生态护岸的研究和实践，并取得了一定的研究成果和工程实践经验。

3.1 坑塘河道堤岸改造技术分类

3.1.1 传统护岸及其特点

1. 传统护岸概念

基于水力学最佳水力半径的理论，传统的护岸工程遵循用最经济断面输送最大流量的原则，在结构设计和材料选择上追求断面整齐和较小的水力糙率，在使用功能上侧重防洪固岸，因此在一定程度上破坏了河流的自然功能。

2. 传统护岸结构形式

传统护岸结构形式可分为：直立式、斜坡式、混合式。

(1) 直立式护岸，可采用现浇混凝土、浆砌块石、混凝土方块、石笼、板桩、加筋土岸壁、沉箱、扶壁及混凝土、砖和圬工重力挡水墙等结构形式。

(2) 斜坡式护岸，又可分为堤式护岸（含堤身、护肩、护面、护脚和护底）和坡式护岸（含岸坡、护肩、护面、护脚和护底）。

(3) 混合式护岸，兼容直立式、斜坡式两种形式的特点，一般在墙体较高的情况下采用。

3. 传统护岸结构材料

传统护岸以水泥、砂浆、石料、混凝土和沥青为主要建筑材料。

(1) 直立式护岸的护面材料：主要有混凝土、钢材和石料等高强度的人工材料。

(2) 斜坡式护岸的护面材料主要有以下四种类型：

1) 石料类：抛石或块石护面层，偶尔进行灌浆、人工砌石、圬工、石笼或金属网沉排；

2) 混凝土类：预制混凝土块体、开缝或经灌浆咬合块体、钢丝绳捆固或土工织物连接的混凝土块体、现浇混凝土板和整体式构筑物、充装填料的纤维织物；

3) 土工织物：草被复合物——面层、织物和网格、三维护岸面层和网格、二维纤维织物；

4) 沥青：开孔碎石沥青填料土工织物面层、稀松或致密碎石沥青。

此外，一些天然材料在传统的护岸工程中也有少量应用，如梢料（柴枕、柴排、柴帘、沉树、沉梢坝等）也是一种传统的护岸材料，常用于护脚或护底。

4. 传统护岸缺陷（图 3-1）

图 3-1 传统护岸工法缺陷

(a) 砌石护岸；(b) 混凝土块护岸；(c) 混凝土板护岸

(1) 加快水土流失，影响生态平衡，破坏生物多样性；

(2) 阻隔水土，减少地下水补给；

(3) 降低坑塘河道水质净化能力；

(4) 景观不能体现地方特色；

(5) 受损后需要反复维修。

3.1.2 生态护岸及其特点

1. 生态护岸概念

生态型护岸以保护、创造生物良好的生存环境和自然景观为前提,在保证护岸具有一定坚固性、安全性和耐久性的同时,兼顾工程的环境效应和生物效应,以达到一种水体和土体、水体和生物相互涵养,适合生物生长的仿自然状态,它必须满足以下几个方面的要求:

(1) 安全性——作为一种水利设施的基本功能,要能发挥有效的防洪、固岸作用;

(2) 物生性——对本土原生动植物没有产生重大的负面影响,尽量不扰动原有栖息地环境或者护岸完工后能被本土生物接受;

(3) 亲水性——能让人们比较安全和便利地与水体亲近,这一点只需在结构设计细节上稍加注意,如预留可供人们上下的台阶,设置亲水平台等;

(4) 景观性——护岸完工后与周围景观环境相协调。

2. 生态护岸形式

生态护岸形式可分为基本生态类防护形式、植生生态类防护形式以及复合生态类防护形式,见图 3-2。

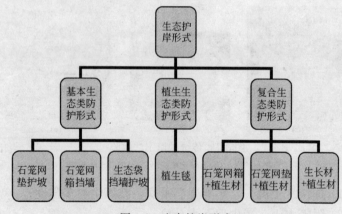

图 3-2 生态护岸形式

3. 生态护岸设计原则

生态护岸能依靠植物良好的根系而使护岸具有一定的固土和抗冲刷能力,同时生态护岸具有造价低、能美化环境的独特效果。根据国内外生态护岸的成功经验,并结合各坑塘河道的特点,生态护岸的设计应遵循以下原则:

(1) 生态护岸应满足坑塘、河道功能的稳定要求,并降低工程

造价;

(2) 尽量减少刚性结构,增强护岸在视觉中的"软效果",美化工程环境;

(3) 进行水文分析,确定水位变化范围,结合植物调查结果,选择不同区域和部位合适的植物;

(4) 应设置多孔性构造,为生物提供一个安全的生长空间;

(5) 尽量采用天然的材料,避免二次环境污染;

(6) 布置构筑物时应考虑人们的亲水要求。

4. 生态护岸植物选择原则

在栽种植物以前,应首先进行工程区域的植被调查,然后根据植被调查结果,充分考虑到栽种植物与周边环境的协调、景观、安全性、地域适应性及生态平衡的问题,并按以下条件进行严格的植物选择:

(1) 适合气候气象条件且对土壤要求低的植物;

(2) 抗病虫害能力强、对周围环境危害性小的植物;

(3) 寿命或者效果发挥时间长、容易维护管理的植物;

(4) 尽量保留适宜的且具有市场性的乡土植物;

(5) 具有美化环境效果的植物。

3.1.3 传统护岸与生态护岸特征比较

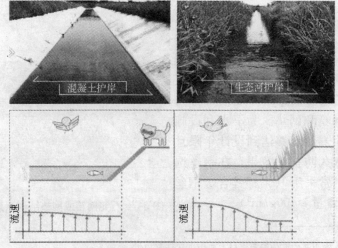

图 3-3 传统护岸与生态护岸综合效果比较

传统护岸与生态护岸特征比较 表 3-1

比较项目	岸坡坡度	水流流速	生态环境	休闲环境	生物种类	繁殖条件	鱼类食物
传统护岸	陡	均一	劣	差	少	劣	少
生态护岸	缓	多样	优	好	多	优	多

3.1.4 各种护岸工程造价比较

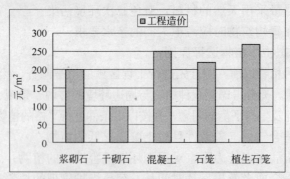

图 3-4 各种护岸工程造价比较

3.2 基本生态类防护技术及工法❶

坑塘-4：石笼基本生态类防护技术

1. 定义

采用钢丝编织而成的笼状填石结构（见图 3-5），可用于堤岸支挡和护坡。根据尺寸规格可分为石笼网箱和网垫。为了水利设施的使用寿命能够达到设计年限且具有永久防护的效果，在钢丝选择上通常采用10%铝锌合金钢丝（镀层含量≥400g/m²）。

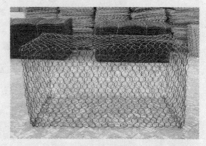

图 3-5 石笼网箱或网垫结构示意图

---

❶ 本小节内容的编写素材主要由浙江环复提供。

2. 技术特点

(1) 亲水性、透水性好,易实现水土交换和增强水体的自净能力(图 3-6)。

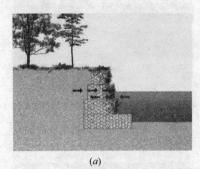 

图 3-6 亲水性生态护岸

(a)水土交换能力强;(b)自净能力强且亲水性好

(2) 景观性强、生态效果明显(见图 3-7)。

图 3-7 景观性强且生态效果明显的亲水性护岸

(a)亲水性护岸绿色和谐人居环境;(b)生态型与传统型护岸效果鲜明对比

(3) 整体性好,稳定性佳(见图 3-8)。

(4) 施工快捷、方便,质量保证(见图 3-9)。

(5) 耐久性好、使用寿命长。通常采用10%铝锌合金钢丝(镀层含量≥400g/m²),其抗腐蚀性约为镀锌钢丝的2.5~3.0倍,见图 3-10。

(6) 抗冲刷能力强,见图 3-11。

图 3-8 结构稳定的石笼护岸

(a)网箱结构抗弯曲能力结构原型试验;(b)网箱应用于地基不均匀沉降的滩涂地

图 3-9 石笼结构施工现场

(a)人机协作施工;(b)机械施工高效安全

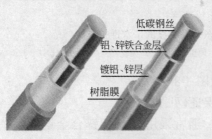

图 3-10 特殊钢丝制网

图 3-11 石笼抗冲刷

3. 适用条件

(1) 网垫——主要适用于土质边坡或土石混合边坡,也可用于回填石质边坡。

(2) 网箱——主要适用于自然土(或石)质地基、回填土(或石)质材料,支挡或挡墙形式,通常坡率≥1∶0.5。

4. 应用范围

(1) 网垫——主要用于公路、铁路边坡工程、水利(江、河、湖、泊)景观护坡工程、海漫及坝体防护工程、海岸及港口防护工程和湿地工程等。

(2) 网箱——主要用于公路、铁路、矿山、市政、水利(江、河、湖、泊)工程、海岸及港口码头工程、山体滑坡及泥石流治理工程等的柔性支挡、挡土防护和生态型防护。

5. 结构形式(见图 3-12 和图 3-13)

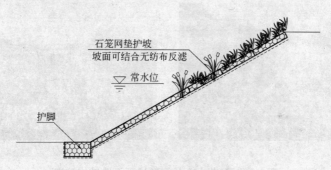

图 3-12　石笼网垫护坡基本断面形式

图 3-13　石笼网箱挡墙基本断面形式

6. 应用实例

(1) 江苏太仓长江顺堤河

太仓市水利局在实施长江堤防达标建设填塘固基工程中,尝试采用石笼防护工程技术,实现防护工程与生态环境的协调统一,见图3-14。

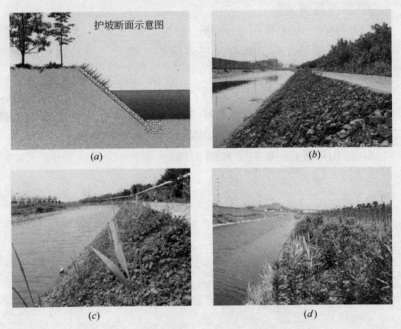

图3-14　江苏太仓长江顺堤河石笼结构护岸
(a)护坡断面示意图;(b)刚建成时;(c)植被生长初期;(d)植被生长中后期

(2) 苏州西塘河挡墙

西塘河,不仅是一条清水通道,同时还是一条生态景观河道,一条绿色景观长廊。根据河道宽窄和河坡的陡缓,采用形式多样的生态护岸、亲水护岸,尽量保持岸线的天然形态,并与生态绿化融为一体。护岸主要有直立式块石挡墙护岸、斜坡式护岸、蜂巢格网挡墙、复式断面和亲水景观平台等多种形式。绿化以乡土树种为主,沿河以香樟、垂柳、夹竹桃及水生植物为主,适当配置色叶及开花植物。其中,水生植物包括荷花、莲花、茭白、菖蒲等;湿生和中生植物包括芦苇、白茅和苦荬等;耐湿树种包括黄馨、金银花、迎春花、锦带花等岸边灌木,见图3-15。

图 3-15 苏州西塘河石笼结构护岸

(a)施工时；(b)刚建成时；(c)植被生长初期；(d)亲水人文景观

(3) 宁波化工区

宁波化工区位于宁波平原的东北部，杭州湾南岸出海口。河道整治工程的设计结合道路布置，并满足区内河网率不小于6%的要求，增强了区内雨洪调蓄能力。由于地基含有高压缩性土层，所以易产生不均匀沉降及发生滑动破坏，地基处理后采用典型石笼挡墙，见图3-16。

图 3-16 宁波化工区石笼结构护岸

(a)护坡建成时；(b)植被生长后

（4）杭州郁宅港河

郁宅港河综合整治工程位于良渚镇，东与京杭运河相连，西至西塘河，全长 4400m，河道规划控制宽度 25～40m。整治工程主要包括河道清淤、疏浚、河道整修、节点景观绿化、截污等，见图 3-17。

图 3-17　杭州郁宅港河石笼结构护岸
(a)施工初期；(b)施工中期

坑塘-5：生态袋基本生态类防护技术

1. 定义

生态袋是由抗紫外线的聚丙烯(PP)纤维无纺布缝合加工而成的袋子，具有耐腐蚀性强、耐微生物分解、抗紫外线、易于植物生长、使用寿命长、整体性好、袋体柔软、施工简便等特点，主要运用于加筋挡墙或护坡。同时，具有目标性透水不透土的过滤功能，既能防止生态袋内填充物的流失，又可实现水分在土壤中的正常交流，从而减小边坡的静水压力；同时，生态袋不透土的特性，也保持了水土及植被赖以生存的介质，见图 3-18。

图 3-18　生态袋

2. 技术特点

透水不透土；良好的稳定性、整体性和适应变形性；施工简便；具有明显的防护功能，同时又具有良好的生态功能。

3. 适用条件

自然土(或石)质地基、回填土(或石)质材料，支挡或挡墙形式。

4. 应用范围

主要用于公路、铁路、市政、矿山、水利(江、河、湖、泊)及堤坝等工程上生态型挡土和边坡生态防护，以及水土保持、生态绿化等。

5. 结构形式(见图 3-19)

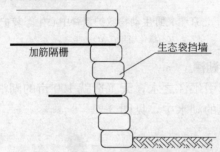

图 3-19 生态袋挡墙基本断面形式

6. 应用实例

(1) 北京顺义野生动物救护繁育中心

北京顺义野生动物救护繁育中心位于潮白河畔，占地总面积 16 公顷，建有一座野生医院和各类野生笼舍 2000 多平方米，具有野生救护、繁育、疫源疫病监测、科研教学、保护宣传教育和国内国际交流与合作六大功能，见图 3-20。

图 3-20 北京顺义野生动物救护繁育中心生态袋护岸(一)
(a)开挖当年；(b)完工当年

图 3-20　北京顺义野生动物救护繁育中心生态袋护岸(二)
(c)绿化当年；(d)一年之后

(2) 四川彭湖湾

四川彭湖湾引岷江之水，天工造就 100 亩的湖泊，将整个社区倒映在波光粼粼的湖水中，见图 3-21。

图 3-21　四川彭湖湾生态袋护岸
(a)当年开挖；(b)当年完工

3.3　植生生态类防护技术及工法[1]

坑塘-6：植生材分类及施工方法

1. 植生材分类

植生材主要包括植生带、植生毯、植生袋三大系列，见图 3-22。

---

[1] 本小节内容的编写素材主要由浙江环复提供。

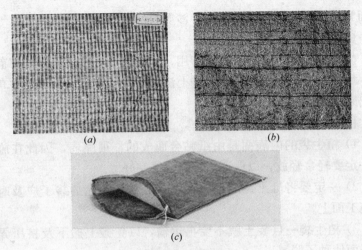

图 3-22 植生材
(a)植生带；(b)植生毯；(c)植生袋

2. 施工方法

(1) 植生带施工方法

先将欲绿化的土地整平、表层耙松软，将植生带纸面朝下铺在地上，再在每平方米的植生带上覆盖三锹左右的细土，在施工后每天充分浇水并保持湿润，一周左右草就长出来了，一个月就成草坪了。

(2) 植生毯施工方法

1) 铺植前对场地的土表进行粗平整，消除地表的各种杂物，为植物生长创造有利条件。

2) 对于土壤环境较差的情况，如贫瘠、地下害虫、病菌较多时，可根据情况进行土壤处理。

3) 产品铺设前，应按产品标识或其他方法确定产品正反面，以防反向铺设，影响工程质量。

4) 铺设时，注意不能紧绷草皮，否则容易造成部分草皮无法接触地面而影响幼苗正常扎根生长。

5) 应根据施工场地的实际情况来确定水平或垂直铺设。

6) 各相邻草皮之间应有 5cm 左右的重叠部分，并用竹钎进行固定，竹钎的密度应根据实际情况来确定。

7) 将铺设在施工场地边缘的植生毯外缘埋入地表下，使其与地面紧密结合，同时可抵抗风、沙等自然灾害的侵袭。

（3）植生袋施工方法

向袋里装满土将袋口扎紧待用，施工时要将带标识线的那面朝上，垛放在工作面上。在植生袋上浇水并保持湿润，十天左右草就长出来了。

植生袋施工中的注意事项：

1）植生袋的内表面是由纸粘合而成的，很脆弱，因此在施工中一定要轻拿轻放，以保证草籽附着地完好。

2）一定要将母土运至施工现场再装袋，装完的袋子应及时垛到施工面上。

3）植生袋一旦装土就不要再运输，以免搬上搬下及挤压弄坏内表面使种子脱落。

4）袋内一定要装干土，不能装带水的湿土。

5）每垛完一层植生袋后，应将植生袋与基面、植生袋与植生袋之间的缝隙用土填严踩实，以免透风造成种子和草干死。

6）如果是在山石或砂石基面等坡度大的坡面上施工，一定要从底部开始，每隔1m远放置一根硬聚氯乙烯(PVC)管，直径在3～4cm左右，长度从基面至新垒的植生袋墙外即可(如果是砂石基，应将另一头插入砂石基面5cm以上)。在每垒到1m的高度时再放置一层PVC管，距离还是1m。这样可把基面里或基面表的水排出来，以免长时间浸泡植生袋使袋里的土成稀泥状而造成塌方。

7）如果是垂直叠摞或接近垂直叠摞植生袋，每叠摞1m高时，还应在基面上打固定桩，用绳把这整层植生袋绑紧、分别固定在固定桩上，防止墙体倒塌。

坑塘-7：植生毯生态类防护技术

1. 定义

植生毯是采用植生毯生产机械将一定规格的天然植物纤维或合成纤维毯与种子植生带复合在一起具有一定厚度的毯状结构的水土保持产品。椰纤维制品是可以生物降解的纤维，具有环保性和持久性(最长可达5～10年)，具有吸水、滤水的能力。与工程塑料相比，降解后不污染环境，还可为植物、微生物提供有机质等营养，吸收太阳辐射，防止植物因高温而枯萎，且对生物的生长友好。

2. 技术特点

良好的水保性和植生保护性；能有效防止水土流失；施工效率高；具有明显的生态功能，同时又具有一定的防护功能。

3. 适用条件

自然土质边坡、自然土石混合边坡或回填土质边坡，通常坡率≤1∶1。

4. 应用范围

主要用于水利(江、河、湖、泊)堤岸及堤坝工程边坡生态防护；海岸带生态防护；公路、铁路、市政、矿山等工程边坡形成"土"质后复合式生态防护；以及地表、坡面水土保持、植生、生态绿化等。

5. 结构形式（见图 3-23）

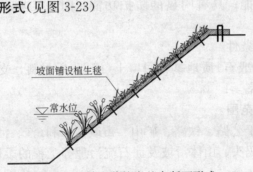

图 3-23 植生毯护岸基本断面形式

6. 应用实例（见图 3-24）

图 3-24 植生毯护岸
(a)当年建成时；(b)植被生长后

3.4 复合生态类防护技术及工法[1]

坑塘-8：石笼网箱和植生材复合生态类护岸技术

1. 技术分类

石笼网箱和植生材组合的三种基本护岸形式：石笼网箱＋植生袋、石笼网箱＋植生带和石笼网箱＋植生毯。植生材的选取应根据工程地质、水文、设计等要求合理确定，并要处理好与石笼网箱的构造衔接，以形成生态石笼网箱支挡或挡墙结构。

2. 技术特点

良好的透水功能；极佳的稳定和整体功能；理想的生态建设和生态修复功能；具有明显的防护功能，同时又具有明显的生态功能。

3. 适用条件

自然土（或石）质地基、回填土（或石）质材料，支挡或挡墙形式，通常坡率≥1：0.5。

4. 应用范围

主要用于公路、铁路、矿山、市政、水利（江、河、湖、泊）、海岸及港口码头、山体滑坡及泥石流治理等工程的柔性生态支挡、生态型挡墙防护。

5. 结构形式（见图 3-25）

6. 应用实例

（1）扦插型——扦插式植生绿化防护见效快，植物成活率高。一般适用于矮挡墙，见图 3-26。

（2）植生毯型和植生袋型，见图 3-27。

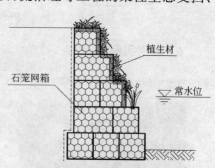

图 3-25 石笼网箱和植生材组合护岸基本断面形式

---

[1] 本小节内容的编写素材主要由浙江环复提供。

图 3-26　扦插型植生重力式护岸
(a)植被生长后；(b)结构示意图

图 3-27　植生毯型和植生袋型重力式护岸
(a)植生毯型；(b)植生袋型

坑塘-9：石笼网垫和植生材复合生态类护岸技术

1. 技术分类

石笼网垫和植生材组合的三种基本护岸形式：石笼网垫＋植生袋、石笼网箱垫＋植生带及石笼网垫＋植生毯。有关植生材的选取应根据工程地质、水文等情况及设计要求合理选定，并要做好与石笼网垫构造的衔接，以确保防护、植生复合生态效果。

2. 技术特点

良好的透水功能；较强的抗冲刷能力；极佳的整体功能；理想的生态建设和生态修复功能；具有明显的防护功能，同时又具有明显的生态功能。

3. 适用条件

主要适用于土质边坡或土石混合边坡，也可用于回填石质边坡，通常坡率≤1∶1。

4. 应用范围

主要用于公路、铁路生态护坡、水利（江、河、湖、泊）景观护坡、海漫及坝体生态防护、海岸及港口生态防护和湿地等工程。

5. 结构形式（见图3-28）

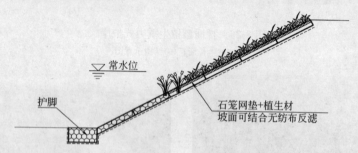

图3-28 石笼网垫和植生材组合护岸基本断面形式

6. 应用实例（见图3-29）

图3-29 石笼网垫和植生材组合护岸
(a)施工中；(b)完工时

坑塘-10：生长材和植生材复合生态类护岸技术

1. 技术说明

（1）生长材主要包括生长袋、椰枕等，植生材也包括液力喷播植

生基材、木本植物等;

(2) 生长材+植生材组合形式通常可分为:生长袋+液力喷播、生长袋+木本植物扦插、椰枕+木本植物扦插等几种基本形式,以形成生态防护结构;

(3) 有关生长袋选取应注意抗老化性能,并要合理就地利用好植物生长土,以确保防护、植生复合生态效果。

2. 技术特点

良好的水保性;灵活的植生性;简便的施工工艺;具有明显的生态功能,同时又具有一定的防护功能。

3. 适用条件

主要适用于土质边坡或土石混合边坡,也可用于自然岩质边坡或回填石质边坡,通常坡率≥1:1。

4. 应用范围

主要用于公路、铁路、市政、矿山、水利(江、河、湖、泊)及堤坝等工程上的生态型支挡和边坡生态防护,以及水土保持、植生、生态绿化等。

5. 结构形式(见图 3-30)

6. 应用实例

(1) 崇义里河道整治一期工程(见图 3-31)

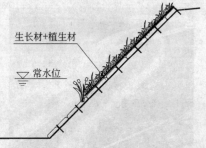

图 3-30 生长材和植生材组合护岸基本断面形式

图 3-31 生长材椰枕和植生材组合护岸
(a)施工中;(b)完工时

（2）上塘河天都城段（见图3-32）

图 3-32　生长材椰枕和植生材组合护岸
(a)施工中；(b)完工时

（3）生长材椰网和植生材组合护岸（见图3-33）

图 3-33　生长材椰网和植生材组合护岸
(a)施工前期；(b)施工初期；(c)施工中期；(d)完工后

3.5 绿化混凝土生态护坡技术及工法

坑塘-11：绿化混凝土生态护坡技术[6,7,8]

1. 定义

绿化混凝土亦称生态混凝土,是能够适应植物生长,且可进行植被作业的混凝土及其制品。即先用碎石、水泥作为原材料,按特定的配比兑水拌合,用振动压力成型,然后在孔隙内充填植物生长所需的材料并在混凝土块体表面植被建植,最终植被根系穿透混凝土块体长至块体下面的土体中,见图3-34。

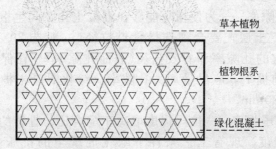

图3-34 绿化混凝土植物生长示意图

由绿化混凝土为主要材料的生态护坡主要具有恢复和保护环境、改善生态条件、保持原有防护作用三个功能。此技术起源于日本,在国外发达国家这种生态护坡已成为土木护砌防护工程的主流技术。

2. 应用范围

生态护坡广泛应用于堤防的迎水面、背水面、高水位或低水位,主要应用领域有:山体植被恢复,坑塘、河道、公路边坡防护及绿化,老的防护墙垂直绿化及改造,市民广场硬地绿化和各类停车场绿化。

3. 制作工艺(见表 3-2 和图 3-35)

绿化混凝土原材料配合比   表 3-2

原材料	水泥	粉煤灰	矿粉	粗骨料	水	粘合剂	外加剂
数量(kg/m³)	200～300	50～100	50～100	1800～2000	160～180	0.010～0.025	2

注:引自丁旭东等.2005(5),混凝土的坍落度设计为 0～1cm。

注:引自丁旭东等.2005(5),处理后多孔绿化混凝土砌块表面 pH=7.5～8.5,内部未填基料草种。

图 3-35 绿化混凝土砌块制作工艺流程

4. 技术参数

(1) 孔隙率——为使植草能够在混凝土孔隙间生根发芽并穿透长至其下土层,要合理选择骨料粒径(一般选 20～30mm),保证有一定的孔隙率和有效孔径(表面孔隙率)。在保证客观强度需求的前提下,应尽量加大孔隙率。绿化混凝土护坡厚度一般 100～180mm。

(2) 抗压强度——抗压强度取决于配合比、骨料的品种及粒径、振捣程度。现有工艺条件下绿化混凝土的抗压强度约为 6.5～11.0MPa。

(3) 穿透稳定性——草本植物具有亲肥性和亲水性,其根系首先选择穿透绿化混凝土孔隙,向块体下面的土体中生长扩展,未发现植物根系对绿化混凝土产生膨胀破坏作用。

(4) 孔隙内特殊环境

1) 碱性水环境——水泥中的各种无机盐碱主要是由生产水泥的原料和燃料煤所引入的,国内普通硅酸盐水泥制作绿化混凝土时,孔隙间的水环境若未经改造,其 pH 值高达 12.5～13.5,影响植物生长。因此,当绿化混凝土初凝后,应适当增加养生,以减少孔隙间浆体表面可溶性盐碱量,并在其后的填充材料中使用偏酸性的辅助材料,改善孔隙间的盐碱性水环境。经上述方法处理后,普通硅酸盐水泥制作的绿化混凝土块体孔隙内(水环境)的

pH=7.0~7.5，基本满足各类植物的需求，见表3-3。

几种常见观赏性植物适宜的 pH 值　　　表 3-3

名　称	适应 pH 值范围	最适 pH 值范围
白三叶	4.5~8.0	6.0~6.5
狗牙根	5.0~7.0	5.0~7.0
紫羊茅	5.2~7.5	5.5~7.0
黑麦草属	5.2~8.2	6.0~7.0

注：引自王晖和靳燕宁．2006，(5)。

2) 温度环境——温度是植物生长的必要条件之一，绿化混凝土的表层温度与地表温度的变化规律有所不同。夏季高温时段绿化混凝土吸收并蓄存太阳辐射热能，表层温度较高，当温度超过一定限度时，很多植物会出现热休眠现象，选配植物品种时需特别注意；冬季低温时段绿化混凝土表层温度高于地表温度，因冷季型植物的可选择范围十分有限，一定程度上绿化混凝土拓展了植物选择范围。

3) 湿度环境——绿化混凝土孔隙内湿度对植草生长，特别是返青影响较大。绿化混凝土保湿能力室内模拟试验表明：表层（含客土）120~150mm 风干较快，其下风干缓慢。上层干燥土与底层孔隙内湿润土之间不是线性变化关系，有较明显的分界线，同时孔隙内毛细管水补给能力不强。因此，需考虑在孔隙填充材料中添加保水剂，并在播种时采取保湿措施，同时需安排春、秋灌水。

(5) 孔隙内填充材料

填充材料可用当地耕土、土壤菌、缓释肥料、保水剂等配制而成，使填充材料具有一定的有机质和腐殖质，这可为植物初期生长提供养分及水分。填充质量的好坏，直接影响植物生长特别是次年返青。填充材料为植物提供 C、H、O、N、P、K、Ca、Mg、S 等营养元素。填充方法一般采用客土喷覆法。

(6) 植被品种选择

1) 选择因素——重点应放在绿化混凝土孔隙间人造特定的环境条件，即 pH 值、水位条件以及当地气候情况。对城镇段护坡（岸）等有美化环境要求的，可采用草坪草；而对其他河道护坡宜选用耐粗放管理的植被品种。

2) 沿坡(岸)面的植物分布——水位变动区是自然水环境的重点，在水、水生植物、水生动物、空气组成的水环境中，水生植物及附着其上的昆虫、微生物是水生动物食物链的组成部分，亦是水环境的中心。在此区域多选择挺水型水生植物。水位变动区以上，根据项目要求及自然条件，选配多年生草本植被。水位变动区以下，可选择管束类或可以吸收水中有害物质的沉水型水生植物。

3) 常用植被品种——水生植物有千屈菜、黄菖蒲、香蒲、慈姑、雨久花、水葱等；草本植物有结缕草、狗牙根、假俭草、紫羊茅、早熟禾、白三叶；另外，还可根据不同需要进行混播。

5. 施工工艺

(1) 按整治标准进行边坡修整；

(2) 准备填充材料及客土；

(3) 如原边坡为砂性土壤，则需要在铺设绿化混凝土块体之前加铺无纺土工布做为反滤层，防止细小颗粒的流失；

(4) 绿化混凝土块体的预制及铺设；

(5) 绿化混凝土孔隙填充；

(6) 客土喷覆；

(7) 植被喷播建植；

(8) 水生植物栽培；

(9) 待植被根系穿透混凝土深入土体后，可适当减少养护管理。

6. 造价指标

与普通混凝土护坡相比，绿化混凝土生态护坡可降低造价。据日本佐藤道路株式会社的介绍，能节省造价10%～30%。目前，上海使用厚度为160mm的绿化混凝土生态护坡单价为每平方米90元左右。

7. 应用实例

上海市嘉定区虬江河道综合整治工程中进行了一段绿化混凝土生态护坡的建设：建设范围位于嘉定区江桥镇，近曹安路，设计常水位2.7m，涉及河道边坡长485m，坡面长3.0m，坡比1∶2.5，合计建设面积 1455m²，针对不同防护需求绿化混凝土块厚分为 170mm 和 250mm 两种。2004 年 6 月 5 日实施了植被种植，喷播后 15 天长幼苗，30 天左右覆盖率达 80％，株高 50～100mm，植被品种有结缕草、狗芽根、白三叶，水生植物有千屈菜、黄菖蒲、雨久花。时至 11 月下旬，植被生长正常，见图 3-36。

注：引自王晖和靳燕宁.2006,(5)

图 3-36　绿化混凝土生态护坡

3.6　绿维生态护坡技术及工法[1]

坑塘-12：绿维生态护坡技术

1. 定义

绿维柔性生态边坡工程系统的边坡、挡土墙是在成熟的土木工程建设理论与科学的生态恢复理论基础上，赋予柔性边坡结构所必须的具有特殊功能要求的优质材料前提下的一种高级形态的结构体系，见图 3-37。

图 3-37　绿维生态护坡

---

[1] 本小节内容的编写素材主要由青岛崇岳提供。

2. 技术特点

除了具有复合稳定的特点外，结构面通过植被的发达根系与坡体合成一个同质整体，使人工边坡和原自然边坡之间不会产生分离、坍塌等现象。随着时间的延续，日趋强壮的植被根系使边坡结构的稳定性及牢固性更强，所以它是自然的、有生命的永久性生态工程，是集柔性结构、生态、环保、节能四位一体的建筑工程领域的一种高级形态，它使护坡和生态绿化得到了同步实现，为边坡建设领域的生态环保建设提供了技术保证。

在受力结构上完全能达到传统结构所能达到的承载效果，坡面结构也同样安全稳定。该结构不需养护，结构施工完毕即可投入使用，其独有的排滤水性能，使其在水岸边坡的建设中有不可比拟的优势。

3. 应用领域

（1）生态水利工程——生态河畔、水土保持、水库涨落带复绿、湿地工程、湖海岸工程等。

（2）公路工程——路基边坡、挡土墙工程、山体开挖边坡、桥墩护坡、涵洞进出口"八字"墙、声屏障、生态隔离带、膨胀土边坡、冻融地区边坡等。

（3）铁路工程——路基边坡、挡土墙工程、山体开挖边坡、桥墩护坡、涵洞进出口"八字"墙、生态风景区生态边坡等。

（4）市政工程——山体复绿、生态河岸、公园湖岸、垃圾填埋场、矿山复绿、高尔夫球场、屋顶绿化、园艺景观墙、盐碱地边坡等。

（5）房地产——景观河道、住宅区边坡、亲水挡土墙、屋顶绿化。

（6）其他——坡体坍塌紧急处理、沙漠绿化、自然保护区、河湖海岸防护堤岸、军事工程、弹药储存点、防洪墙、生态垂直墙、已有硬体结构面的生态复绿。

4. 结构形式

（1）复合稳定的生态边坡：主要由三角内摩擦紧锁结构、绿维连接板和植被根系组成，见图3-38。

（2）复合稳定的生态加筋挡土墙：主要由复合稳定的生态边坡和加筋格栅组成。

5. 施工方法

(1) 堆叠法

1) 基础处理：清理场地，按照设计图纸定点放样，基础开挖整平，夯实达到85%以上，做好基础排水设施。

2) 装封袋子：在施工现场，就地取土装填袋子，且每立方植生土中掺入30%~40%砂。同时，

图3-38 绿维生态护坡基本结构形式

确保生态袋是完全地被填满，以达到生态袋填充标准，填充标准按工程技术人员要求执行。另外，采用专用绑扎带或手提缝纫机缝线进行封口。当用绑扎带封口时，将袋口收缩；用专用绑扎带绕端口两圈，再用力锁紧即可。

3) 底部安装

一旦基础施工完成后，就可埋入放置已填满砾石（级配2~4cm）的生态袋去创建底部层，埋深为坡高的八分之一。从前面到后面拉平袋子，使得生态袋一个接一个排列。在底部层单元被正确地安置放好后，压实生态袋及其后面和前面的回填以防止移动，用碎石进行回填。如有可能，在开始上叠加层前，安装好整个底部层的长度，一切施工按工程技术人员要求执行。

4) 底部层和上叠加层

把绿维连接扣放在生态袋上面两个袋子的之间，靠近内边缘三分之一的位置，以便每个标准扣横跨两个生态袋。摇晃生态土袋上叠加层以便每个标准扣可穿透生态袋的中部。通过在生态袋上行走或压实来达到互锁性。使用这个操作可确保连接扣和生态袋间良好的接触。

5) 中上部上叠程序

上叠层将被放在先前的层上，把表层砂土袋放置于下层两个砂土之间联接扣上，继续放置生态袋，机械夯实。来自上面层的重量将驱使标准扣扣进生态袋，在生态袋之间形成一个强有力的连接，同时连接扣上下放适量的水泥浆。每铺设一层生态袋用机械夯实生态袋，夯实度不小于85%。

（2）堆叠加筋法

夯实时回填材料必须有适当的温度以达到最佳的效果；有机土或重富黏土材料不可使用；夯实器械的行走可被用于压实土壤；夯实器械在操作时外墙面不能少于91.5cm；避免用一种不能控制的方式过分夯实靠近外墙面的土壤；专业人员应进行所有的土壤测试，用来进行测试的土壤应从生态袋后边缘94.5cm内取得；安装加筋挡土墙。

图3-39　绿维生态护坡施工
(a)施工简单快捷无需专业工人施工；(b)造型美观；
(c)基础只需做简单处理即可施工；(d)施工中

（3）施工注意事项

生态袋垒砌摆放时，要挂水平线施工，上下层的竖缝要错开，互锁式连接带要搭接牢固，人工压板踩踏压实，保证互锁结构的稳定性，当坡角陡于50°时，每摆放2.0m高时，浇水让它预沉降，袋扎口和线缝尽量靠内摆放或尽量隐蔽。

（4）机械设备和工具

填土模具、铁锹、卷尺、水平管、坡尺、扫帚、手推车、标线、压实木板(长约1.5~2.0m)、磅秤、水力喷播机等。

6. 植被方式

(1) 喷播：适用于大面积的绿化作业，施工迅速快捷，植被种子选择范围广，适应旱地等各种环境要求，成本相对较低，是草本和灌木最常用播种方式，适宜各种坡比情况，不适宜水位变动部位和暴雨天气。

(2) 混播：适用于亲水边坡，零星工程的绿化，人员养护不便的位置；适宜各种坡比情况，但豆科植物不能混播。

(3) 压播：适用于枝条，藤状类植物，但成活率相对较低，适应涨落带位置，适宜各种坡比边坡。

(4) 插播：适用于易成活木本植物，成活率较高。

(5) 铺种草皮：可立刻体现绿化效果，保证成活效果，特别适宜应急工程。

(6) 围坑栽植：适用于土层要求较深的大乔木移载和对边坡原有树种进行保护，坡角大于50°的陡边坡慎用。

7. 应用实例

生态护岸对于生物恢复过程起到重大作用，它把水体和堤岸的生物及植被连成一体，构成一个完整的生态系统。生态繁茂的绿草丛为鱼类、鸟类、昆虫等提供了觅食繁衍的场所，形成一个水陆复合型生物共生的生态系统，见图3-40。

图3-40 绿维生态护岸工程

4 坑塘河道截污与水质改善

为了解决流域内坑塘、河道的水污染问题，建设污水处理设施是一种非常有效的措施。但这不仅需要巨大的投资，而且也需较长的时间。另外从世界各国的经验来看，仅靠此种对策仍很难使已恶化的水环境得以完全修复，尤其是对已富营养化的坑塘、河道。然而，利用水生植物、动物、微生物等生态技术对坑塘、河道进行净化，则是一种与建设污水处理厂互补的水环境修复技术。特别是对于尚无能力花巨资建设深度污水处理设施的村庄，生态净化技术以其投资省，运行维护简单，没有二次环境污染，还可改善生态环境、景观效果等优点而倍受人们重视。

4.1 坑塘河道截污排水系统选择

4.1.1 排水系统

（1）合流制排水系统——在街道下只埋设一套沟管，混合收集和输送生活污水、工业废水和雨水。现在常用的是截流式合流制排水系统，这种系统是在临河岸边建造一条截流干管，同时在截流干管处设置溢流井。

（2）分流制排水系统——在街道下埋设两套沟管，一套收集和输送生活污水和工业废水，另一套收集和输送雨雪水。由于合流制对水体污染严重，危害环境，所以新建的排水系统一般采用分流制。

4.1.2 截污排水系统

1. 截流式合流系统

（1）定义——将生活污水和雨水混合在同一套沟道内截流排除

的系统。早期的排水系统只是将混合污水不经处理和利用，就近直接排入水体，对水体污染非常严重（见图4-1）。近年来的新农村排水系统的规划建设，是在原来排水系统的基础上，沿水体岸边增建一条截流干沟，在截流干沟和原干沟相交处设溢流井，并在截流干沟末端建设污水处理站，形成了具有截污功能的截流式合流系统（见图4-2）。

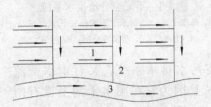
图4-1 早期排水系统
（1. 合流支沟；2. 合流干管；3. 河流）

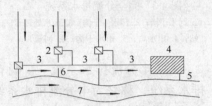
图4-2 截流式合流系统
（1. 合流干沟；2. 溢流井；3. 截流干沟；4. 污水处理站；5. 出水口；6. 溢流干沟；7. 河流）

（2）工作机制——晴天和初雨时，所有的污水都被截流送到污水处理站，经处理后排放到水体；随着雨量的增加，雨水径流量相应地增加，当来水量超过截流干沟的输水能力时，将出现溢流并排入水体，所以在雨天仍会把部分混合污水因直接排放而污染坑塘河道等水体。

2. 分流式排水系统

分流式排水系统是将污水和雨水分别在两套或两套以上各自独立的沟道内排除的系统。排除生活污水的系统称为污水排水系统，排除雨水的系统称为雨水排水系统。依据排除雨水方式的不同，分流式排水系统又可分为完全分流排水系统，不完全分流排水系统和半分流排水系统。

（1）完全分流排水系统——既有污水排水系统，又有雨水排水系统。生活污水通过污水排水系统至污水处理站，经处理后排入水体；雨水则通过雨水排水系统直接排入水体（见图4-3）。

（2）不完全分流排水系统——只设有污水排水系统，没有完整的雨水排水系统，其排水沿地面漫流至不成系统的明沟或小河，然后才进入较大的水体（见图4-4）。

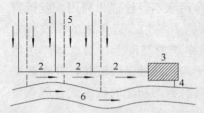 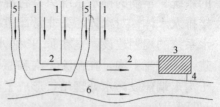

图 4-3 完全分流排水系统　　　　图 4-4 不完全分流排水系统
(1. 污水干沟；2. 污水主干沟；3. 污水处理　(1. 污水干沟；2. 污水主干沟；3. 污水处理站；
站；4. 出水口；5. 雨水干沟；6. 河流)　　　4. 出水口；5. 明渠或小河；6. 河流)

（3）半分流排水系统——既有污水排水系统，又有雨水截流排水系统。称之为半分流排水系统是因为它在雨水干沟上设有雨水截流井可截流初期雨水和地面冲洗废水进入污水沟道。雨水干沟流量不大时，雨水和污水在一起引入污水处理站；雨水干沟流量超过截流量时，超量部分由截流井溢流经雨水干沟排入水体（见图 4-5）。

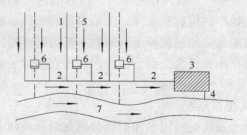

图 4-5 半分流排水系统
(1. 污水干沟；2. 污水主干沟；3. 污水处理站；
4. 出水口；5. 雨水干沟；6. 截流井；7. 河流)

4.1.3 排水系统选择

坑塘-13：排水系统选择

通常排水系统的选择，应当在满足环境保护要求的前提下，依据当地的具体条件，通过技术经济比较决定。

（1）截流式合流系统。该系统对于少雨地区的村庄，雨天仅有部分混合污水不经处理直接排入水体,比直排式系统有很大的改善。然而,在多雨地区,污染可能仍然严重。

(2) 完全分流排水系统。该排水系统因为既有污水排水系统,又有雨水排水系统,故环保效益较好。但还存在初期雨水的污染问题,一般其投资比截流式合流系统高。新建的村庄一般采用完全分流排水系统。

(3) 不完全分流排水系统。该系统由于只建污水处理系统,不建雨水系统,故投资较少。这一体制适用于地形适宜,有地面水体,可顺利排泄雨水的村庄。

(4) 半分流排水系统。在生活水平高且环境质量要求高的村庄可采用。

4.2 坑塘河道水体自净机理

水体自净是指受污染的水体,经过水中物理、化学与生物作用,使污染物浓度降低,并恢复到污染前的水平(见图4-6)。按作用机理,水体自净过程可分为物理自净、化学自净和生物自净三个方面。

(a)　　　　　　　　　　(b)

图 4-6　自净能力强的坑塘河道
(a)坑塘;(b)河道

1. 物理自净

物理自净是指由于稀释、扩散、沉淀等作用,使污染物浓度自然降低，使水体得到净化的过程。物理自净能力的强弱取决于水体的物理条件如温度、流速、流量等，以及污染物自身的物理性质如密度、形态、粒度等。物理自净对海洋和容量大的河流等水体的自净起着重要作用。

2. 化学自净

化学自净是指通过中和、氧化还原、分解、吸附、凝聚等作用，使进入水体的污染物浓度和毒性降低的过程。影响化学自净的条件有水体的酸碱度、氧化还原电势、温度、化学组分等。污染物自身的形态和化学性质对化学自净也有很大的影响。

3. 生物自净

生物自净是指经生物吸收、微生物降解等作用，使进入水体中的污染物浓度降低的过程。淡水生态系统中的生物净化以水中微生物为主。需氧微生物在溶解氧充足时，能将悬浮和溶解在水中的有机物分解成简单、稳定的无机物二氧化碳、水、硝酸盐和磷酸盐等，使水体得到自净。

4.3 坑塘河道水质改善方法[9]

坑塘-14：坑塘河道水质改善方法

水体要维持其晶莹剔透、洁净清心、波光粼粼的效果，水质管理很重要，而水质维持则是一项综合性很强的技术。

（1）一方面，要做好水面的保洁工作，加强亲水平台及其他附属设施的管理，避免垃圾及污水直接进入水体；加强水边和水中植物的管理，及时清除腐烂植株；加强水中生物的观察，及时防治生物病虫害。

（2）另一方面，采取科学的措施对水体进行综合治理，见图4-7。目前，比较常用的方法是采用物理方法、生态净水方法或物理生态相结合的方法进行水质净化，见表4-1。

图 4-7 河道改造前后效果对比
(a) 改造前；(b) 改造后

坑塘河道水质改善方法 表 4-1

净化原理	净化结构	净化法	主要净化对象	净化对象物质
物理性净化	(自然)沉淀	堤坝净化	河道	悬浮物质
		副水坝	流入河道	悬浮物质
	过滤	砂过滤	河道、坑塘	悬浮物质
	稀释	导水	河道、坑塘	所有物质
	底泥去除	疏浚	河道、坑塘	营养盐、有机物
	曝气循环	全层曝气	坑塘	植物微生物群控制、氧供给
		深层曝气	坑塘	氧供给
		喷水	坑塘	植物微生物群控制、氧供给
物理性净化＋生物性净化	(接触)沉淀＋微生物	(附曝气)接触氧化	河道、排水沟	悬浮物质、有机物
		(附曝气)塑料等接触氧化	河道、排水沟	悬浮物质、有机物
		氧化法	流入河道	悬浮物质、有机物
	过滤＋微生物	木炭净化	河道、排水沟	悬浮物质、有机物
生物性净化	微生物	薄层流	河道	悬浮物质、有机物
	植物体利用	植被净化	流入河道、坑塘	悬浮物质、有机物、营养盐
物理性净化＋化学性净化＋生物性净化	过滤＋吸附＋微生物	土壤净化	流入河道	悬浮物质、有机物、营养盐
		河流净化	河道	悬浮物质、有机物、营养盐

4.4 坑塘河道水质改善生态技术

采用生态净化水质是一种自然和谐的方式，也是技术发展的主流。具体措施是在坑塘、河道的驳岸和水中种植岸边植物、沉水植物、浮水植物和挺水植物等，结合景观观赏的需要，进行品种的合理比例搭配种植。植物能有效吸收水中的营养物质，从而达到净化水质的作用。在水中放养适量的水生动物，使水体中形成生物链，利用生物链的生态平衡功能，使水质达到自净的效果，见图4-8。

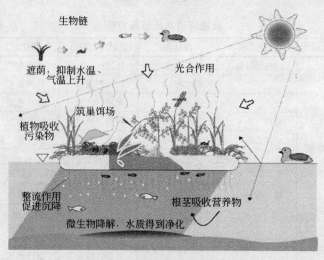

图4-8 水质生态净化原理示意图

目前，坑塘河道水质生态改善技术，主要有水生植物、水生动物、水体微生物等生态净化技术。

坑塘-15：水生植物净化技术

1. 水生植物分类

水生植物是指生长在水中或潮湿土壤中的植物，包括草本植物和木本植物。我国水系众多，水生植物资源非常丰富，仅高等水生植物就有300多种。根据不同的形态和生态习性可分为五大类，见表4-2。

水生植物种类   表 4-2

种类	定义	常见物种
沉水植物	根扎于水下泥土之中，全株沉没于水面之下	苦草、大水芹、菹草、黑藻、金鱼草、竹叶眼子菜、狐尾藻、水车前、石龙尾、水筛、水盾草等
漂浮植物	茎叶或叶状体漂浮于水面，根系悬垂于水中漂浮不定	大漂、浮萍、萍蓬草、凤眼莲等
浮叶植物	根生长在水下泥土之中，叶柄细长，叶片自然漂浮在水面上	金银莲花、睡莲、满江红、菱等
挺水植物	茎叶伸出水面，根和地下茎埋在泥里	黄花鸢尾、水葱、香蒲、菖蒲、蒲草、芦苇、荷花、泽泻、雨久花、水蓑衣、半枝莲等
滨水植物	根系常扎在潮湿的土壤中，耐水湿，短期内可忍耐被水淹没	垂柳、水杉、池杉、落羽杉、竹类、水松、千屈菜、辣蓼、木芙蓉等

2. 水生植物净化载体

水生植物净化水体污染物的作用主要有两个方面：植物根、茎和叶吸收污染物质；根、茎和叶表面附着的微生物转化污染物质。植物吸收水体污染物质的主要器官是根、茎和叶，不同的水生植物具有不同的净化功能。

对于挺水植物来说，吸收水体中污染物主要是根，茎处于次要位置，叶一般对水体污染物不能直接吸收；对于浮水植物来说，吸收水体中的污染物主要是根和茎，叶处于次要位置；对于沉水植物来说，吸收水体中的污染物主要有根、茎和叶。

3. 水生植物净化功能（见图 4-9）

（1）对氮、磷的清除

坑塘河道水环境包括水体和底质两部分，水体中的氮、磷可通过生物残体沉降、底泥吸附、沉积等途径迁移到底质中。例如：大型沉水植物则通过根部吸收底质中的氮、磷，从而具有比浮水植物更强的富集氮、磷的能力。在沉水植物分布区内氮、

图 4-9 水生植物默默地净化着黑臭污水

磷等有机物的含量普遍远低于其它无沉水植物的分布区。漂浮植物的致密生长使水体复氧受阻，水中溶解氧大大降低，水体的自净能力并未提高，还造成二次污染。挺水植物则必须在湿地、浅滩、湖岸等处生长，即合适深度的繁衍场所，具有很大的局限性。

（2）对重金属的清除

水生植物对重金属（Zn、Cr、Pb、Cd、Co、Ni、Cu等）有很强的吸收积累能力。植物组织中的重金属含量与环境中的含量成正相关。水生植物的富集能力顺序一般是：沉水植物＞浮水植物＞挺水植物。植物对重金属的吸收具有选择性。

（3）对有毒有机污染物的清除

植物的存在有利于有机污染物质的降解。水生植物可能吸收和富集某些小分子有机污染物，更多的是通过促进物质的沉淀和促进微生物的分解作用来净化水体。

（4）与其他生物的协同作用对污染物的清除

根系微生物与凤眼莲等植物具有明显的协同净化作用。水生大型植物能抑制浮游植物的生长，从而降低藻类的现存量。水生植物与藻类之间的相生相克作用在污水净化和水体生态优化方面有重要应用潜力。

（5）水生植物的其他功能（改善水质）

水生植物在不同的营养级水平上存在维持水体清洁和自身优势稳定状态的机制：水生植物有过量吸收营养物质的特性，可降低水体营养水平，可减少因摄食底栖生物的鱼类所引起沉积物的重新悬浮，以降低浊度，例如：稳定底泥、抑藻抑菌。

4. 水生植物净化方法[10]

水生植物净化法是指利用水生植物的根部及茎部使水中的有机物和氮、磷营养盐类发生沉淀、吸附并为其体内吸收。同时也利用水生植物的根茎周围所产生的生物膜以及底泥界面处产生的有机物沉淀、过滤、吸附、分解，氮、磷营养盐类的吸附、硝化、脱氮等多种机能，达到净化水质之目的。按国内外处理设施的目的和特征，大致可将水生植物净化法分为三大类八种方式。

（1）湿地法类：表流式、表流生态园式、渗流式等，见图4-10。

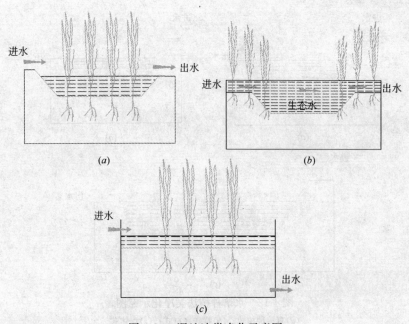

图 4-10 湿地法类净化示意图
(a)表流式；(b)表流生态园式；(c)渗流式

(2) 浮叶植物法类：槽式、水面利用式等，见图 4-11。

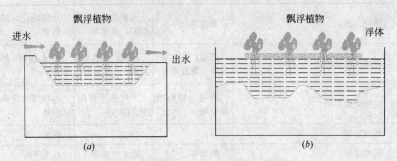

图 4-11 浮叶植物法类净化示意图
(a)槽式；(b)水面利用式

(3) 水培种植法类：直接种植式、特殊底材式、浮体式等，见图 4-12。

5. 工程应用实例[10]

(1) 湿地法类（见表 4-3）

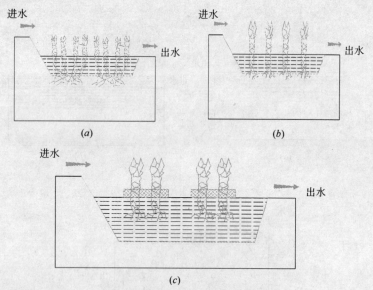

图 4-12 水培种植法类净化示意图
(a)直接种植式;(b)特殊底材式;(c)浮体式

湿地法类工程应用实例　　　　　　　　　表 4-3

净化方式		表流式	表流生态园式	渗流式
净化目的		水质净化	水质净化,生态园,景观等	水质净化,环境教育
可利用植物种类		芦苇,灯芯草,菖蒲,花菖蒲等	芦苇,灯芯草,菖蒲,花菖蒲等	挺水植物(芦苇等)
应用设施实例		清明川植物净化设施	千叶县手贺沼生态园	木场泻水质净化设施
处理对象		河流	湖泊	河流
利用植物		芦苇等	地生芦苇等	地生芦苇
运行开始时间(年)		1996	1999	1998
设计参数	处理水量(m³/d)	18140	5440	50
	设施面积(m²)	38000	19100	400
	设计水深(cm)	10	250	15
	停留时间(h)	5	210	28
	水力负荷(m³/m²·d)	0.48	0.28	0.13

续表

净化方式		表流式	表流生态园式	渗流式
进水水质	COD_{Mn}(mg/L)	7.5	19	6.8
	SS(mg/L)	21.3	65.8	14.3
	TN(mg/L)	2.82	3.78	2.28
	TP(mg/L)	0.185	0.432	0.275
去除效果	COD_{Mn}(%)	5	15	35
	SS(%)	28	34	74
	TN(%)	17	19	32
	TP(%)	21	27	34
费用	建设费(万元)	2800	333	56
	年运行费(万元)	18	38.8	<1

(2) 浮叶植物法类(见表 4-4)

浮叶植物法类工程应用实例　　　表 4-4

净化方式		槽　式	水面利用式
净化目的		水质净化	水质净化,景观
可利用植物种类		浮叶植物(凤眼莲等)	凤眼莲,菱等
应用设施实例		河北泻水质净化设施	前川植物净化设施
处理对象		河流	河流(霞蒲湖)
利用植物		芦苇,菖蒲	凤眼莲
运行开始时间(年)		1997	不详
设计参数	处理水量(m^3/d)	100	
	设施面积(m^2)	1600	
	设计水深(cm)	5	
	停留时间(h)	18	
	水力负荷($m^3/m^2 \cdot d$)	0.06	
进水水质	BOD(mg/L)	2.7	
	SS(mg/L)	19.3	
	TN(mg/L)	1.73	
	TP(mg/L)	0.123	
去除效果	BOD(%)	30	
	SS(%)	56	

续表

净化方式		槽式	水面利用式
去除效果	TN(%)	37	
	TP(%)	35	
	氮吸收量(g/m² · d)		0.36
	磷吸收量(g/m² · d)		0.1
费用	建设费(万元)	133	
	年运行费(万元)	4.7	

(3) 水培种植法类(见表 4-5)

水培种植法类工程应用实例　　　表 4-5

净化方式		直接种植式	特殊底材式	浮体式
净化目的		水质净化，环境教育	水质净化	水质净化，景观
可利用植物种类		水芹，西芹，花卉等	水芹，水莎草，洋麻，花卉等	芦苇，花卉等
应用设施实例		茨城土浦蔬菜园	福冈寺内水耕净化设施	神奈川县津久井湖净化设施
处理对象		河流(霞蒲湖)	河流	湖泊
利用植物		水芹，西芹等	水芹	芦苇
运行开始时间(年)		1995	1993	1998
设计参数	处理水量(m³/d)	7500	1470	
	设施面积(m²)	3400	310	
	设计水深(cm)	5～10	50	
	停留时间(h)	0.5～1.0	2.5	
	水力负荷(m³/m² · d)	2.2	4.7	
进水水质	COD$_{Mn}$(mg/L)	7.2		
	SS(mg/L)	15		
	TN(mg/L)	2.37		
	TP(mg/L)	0.114	0.153	
去除效果	COD$_{Mn}$(%)	12		
	SS(%)	58		
	TN(%)	10		
	TP(%)	26	42	

续表

净化方式		直接种植式	特殊底材式	浮体式
去除效果	氮吸收量(g/m²·d)			0.05
	磷吸收量(g/m²·d)			0.002
费用	建设费(万元)	200	238	
	年运行费(万元)	113	10	

6. 设计运行经验[10]

(1) 设施的设计阶段

1) 应明确其目的,是仅仅净化水质,还是兼有改善生态、景观、环境教育等功能。如若以除磷(溶解态)为主,可选择吸附磷效果较强的土壤等。

2) 应对将要处理的原水水质进行尽可能长(1年以上)的全面的分析检测,以掌握水质的季节性变化、污染物(特别是氮、磷的)形态(悬浮态及溶解态)与比例、水中有害物质(特别是重金属)浓度等,从而为选择合适的处理方式提供依据。

3) 应根据水质调查结果,与其他方式的处理方法(物理法、生物法、化学法)相结合。如当水中悬浮态污染物较多时,可采用塘中塘方式先去除水中的悬浮态污染物,再在其水面应用浮叶植物法或浮体式水培种植法去除溶解态污染物。

4) 在选择植物时尽可能选择地生植物,避免使用外来品种,以确保生物多样性。

5) 推荐采用阶段施工方法,避免一次性全部工程到位。因实验室或现场小型试验对水生植物净化法难以进行全面、定量的评价,故当在某一尚未开展水生植物净化法地区或应用水生植物净化法尚未有充足经验地区应用水生植物净化法时,根据实验室或现场小型试验结果,先在局部范围实施水生植物净化法,通过对数年的运行结果进行分析评价之后,再在该地区大规模采用水生植物净化法。

6) 应充分考虑设施投入运行后的维护管理体制与费用(包括植物的收割、植物和底泥的清除、有效利用或最终处置,定期的水质监测项目、频度等),并考虑村民参与管理的可能性,以达到全民型环境教育和降低运行管理费用之双重目的。

(2) 设施的运行阶段

1) 定期检查设施的进水口流入情况与设施内水深均匀性，防止短流，保证水深的均匀性，避免出现厌氧状态。

2) 有计划地对原水及处理水水质等进行监测，确认处理效果。特别是在应用水培种植法时对收获的蔬菜等植物应先进行充分的毒理学检验，确认其安全性之后方可供人或动物食用。

3) 有计划地对设施内的生态（动物、植物的种群）进行监测，以确认生态的变化或恢复情况，并存档保存。

4) 表流式净化法的挺水植物，最低应 2~3 年收割一次。收割时，在水面 30cm 以上收割为宜，以避免根部腐烂。

坑塘-16：水生动物净化技术

水生动物体也能吸收和迁移污染物。与水生植物细胞不同，动物细胞缺乏细胞壁，且细胞膜起着很大的屏障作用。

水生动物净化方式主要有：

(1) 污染物通过动物细胞膜的方式；

(2) 水生动物体对污染物质的吸收。

水体中投放适当的水生动物可有效地去除水体中富余营养物质，控制藻类生长。底栖动物螺蛳主要摄食固着藻类，同时分泌促絮凝物质，使湖水中悬浮物质絮凝，促使水变清。滤食性鱼类，如鲫鱼、鳙鱼等可有效去除水体中藻类物质，使水体的透明度增加。在水中投放鱼，它可摄食蚊子的幼虫和其他昆虫的幼虫，避免了蚊虫对周围环境造成的危害。鱼是水生食物链的最高级，在水体内藻类为浮游生物的食物，浮游生物又供作鱼类的饵料，使之成为"菌→藻类→浮游生物→鱼类"的食物链。利用食物链关系进行有效的回收和利用资源，取得水质净化，见图 4-13。

图 4-13　水生动物净化法

例如：白鲢在太湖中以吞食水中浮游植物为生，是日渐泛滥成灾的蓝绿藻的克星。水产专家估算，5kg 蓝藻可转化成 0.5kg 鱼肉，也就是说在 1 亩水面中放养 10 来条白鲢即可改善水质。1999 年、2000 年分两次分别向巢湖投放 2.5 万 kg 和 5 万 kg 鲢鱼苗；2001 年 4 月，江苏省太湖渔管会也向东太湖区域投放 53 万条白鲢。

坑塘-17：水体微生物净化技术

水体微生物是水体中净化污染物的最主要载体之一，具有分布广、种类多、繁殖快、生存能力强等特点，正是因其本身的这些特点，使得微生物对污染物有着很强的吸附与分解能力，见图 4-14。污染物结合到细胞壁上有三种作用机制：离子交换反应、沉淀作用和络合作用。

大多数微生物都具有结合污染物的细胞壁，细胞壁固定污染物的性质和能力与细胞壁的化学成分和结构有关。

图 4-14　水体微生物净化法

例如：革兰氏阳性菌的细胞壁有一层很厚的、网状的肽聚糖结构，在细胞壁表面存在的磷壁酸质和糖醛酸磷壁酸质连接到网状的肽聚糖上。磷壁酸质的磷酸二酯和糖醛酸壁酸质的羧基使细胞壁带负电荷，具有离子交换的性质，能与溶液中带正电荷的离子进行交换反应。革兰氏阴性菌的细胞壁中两层膜之间只有很薄的一层肽聚糖结构。一般来说，它们固定污染物的量比较低。

影响微生物吸收污染物的因素：pH、温度、污染物浓度等。例如：使用时把配好的菌剂按照一定比例投入污水，半小时后菌类生物被激活，每 15 分钟增加一倍，每克菌剂含有 60~80 亿个微生物。这些微生物就把污水里的有机物当作食物"吃"掉，分解为二氧化碳和水，同时放出热量，不存在二次污染。

坑塘-18：生物浮岛净化技术[11,12]

1. 定义和目的

生态浮岛是一种针对富营养化的水质，利用生态水工学原理，降解水中COD（化学需氧量）、氮、磷含量的人工浮岛。它能使水体透明度大幅度提高，同时水质指标也得到有效的改善，特别是对藻类有很好的抑制效果。浮岛植物不仅营造了水面的景观，而且在进行光合作用的时候，吸收周围的CO_2（二氧化碳）释放O_2（氧气），并净化空气。植物在生长过程中有蒸腾作用，其通过植物气孔蒸发水分调节环境温度。生态浮岛植物的光合作用与蒸腾作用调节着水面的微气候，这种良好的微气候适宜作为鸟类等生物的栖息场所。另外，生物浮岛的遮阳、涡流等效果创造了鱼类生存的良好条件，见图4-15。

图4-15　生物浮岛净化技术

2. 适用条件

生态浮岛因具有净化水质、创造生物的生息空间、改善景观、消波等综合性功能，在水位波动大的水库或因波浪的原因难以恢复岸边水生植物带的湖沼或是在有景观要求的坑塘等闭锁性水域得到广泛的应用。

3. 构造分类

（1）从植物与水接触的方式来分，人工浮岛可分为干式和湿式两种，其中水和植物接触的为湿式，不接触的为干式。

1）干式浮岛——因植物与水不接触，可以栽培大型的木本、园艺植物，通过不同木本的组合，构成良好的鸟类生息场所同时也美化了景观。

2）湿式浮岛——又分有框架和无框架两种。

① 有框架的湿式浮岛，框架一般可用纤维强化塑料、不锈钢加发泡聚苯乙烯、盐化乙烯合成树脂等材料制作。据统计湿式有框

架型的人工浮岛的比例较多,占了七成左右。

② 无框架浮岛,一般是用椰子纤维编织而成,对景观来说较为柔和,又不怕相互间的撞击,耐久性也较好。也有用合成纤维作为植物的基盘,然后用合成树脂包起来的做法。

(2) 从载体的选择和浮岛的组织形式来分,人工浮岛可分为园艺净水生物浮岛、圈养式生物浮床(浮水植物)、组合式生物浮岛(分载体和植物的组合)以及非标定制生物浮岛。

1) 园艺净水生物浮岛(挺水植物)——具有独特的通气孔,提高水体的表面复氧作用,同时台阶式种植装置具有富氧段,即使在缺氧的黑臭水体中,水生植物仍能正常生长,见图 4-16。

2) 圈养式生物浮床(浮水植物)——将传统生物浮岛的功能进一步拓展,众所周知浮水植物(凤眼莲、金钱草、大漂、杉叶藻等)生长及繁殖能力极强,比如凤眼莲聚集生物量的能力是花叶美人蕉的 8 倍,吸收氮的能力是花叶美人蕉的 6 倍。例如:太湖正在实施的万亩凤眼莲工程,滇池的大规模围养经验,证明浮水植物是生态净水的最佳选择,见图 4-17。

图 4-16　园艺净水生物浮岛

图 4-17　圈养式生物浮床工程

3) 组合式生物浮岛(分载体和植物的组合)——利用挺水植物与浮水植物、浮叶植物进行有机组合的生物浮床。以组合式生物浮床作为载体,种植到富营养化水体的水面,通过植物根部的吸收和吸附作用,削减富集水体中的氮、磷及有机物质,从而达到净化水质的效果,创造适宜多种生物生息繁衍的环境条件,在有限区域重建并恢复水生态系统,并通过收获植物的方法将其搬离水体,使水质改善、水体变清、创建优美水环境,并创建独特水上花园，改善水体立体景观，见图4-18。

　　4）非标定制生物浮岛——随着人们对生物浮岛的用途和认识的逐步深入，特殊地区，特殊人群有着独特的要求，可根据实际要求进行非标个性定制，见图4-19。

图4-18　组合式生物浮岛工程

图4-19　非标定制生物浮岛工程

4. 大小形状

　　一块生物浮岛的大小一般来说边长为1~5m不等，但考虑到搬运性、施工性和耐久性，边长为2~3m的比较多。形状上以四边形居多，也有三角形、六角形或各种不同形状组成起来的。以往施工时单元之间不留间隙，现在趋向各单元之间留一定的间隔，相互间可用绳索连接（连接形式因人工浮岛构造的不同而各异）。这样做的理由有四：①可防止由波浪引起的撞击破坏；②可为大面积的景观构造降低造价；③单元和单元之间会长出浮叶植物、沉水植物，丝状藻类等也生长茂盛，成为鱼类良好的产卵场所、生物的移动路径；④有水质净化作用。

5. 布设规模

　　人工浮岛的布设规模，因目的不同而不同，到目前还没有固定的公式可套。研究表明，提供鸟类生息环境至少需要$1000m^2$的面积。若是以净化水质为目的的浮岛，除小型水池以外，专家认为覆盖水面30%是必要的；若是以景观为主要目的的浮岛，至少应在视角10%~20%的范围内布设。

6. 固定方式

　　生物浮岛的水下固定设计是一个较为重要的设计内容，既要保证浮岛不被风浪带走，还要保证在水位剧烈变动的情况下，能够缓冲浮岛和浮岛之间的相互碰撞。水下固定形式要视地基状况而定，常用的有重量式、锚固式、驳岸牵拉、插杆式等形式。另外，为缓解因水位变动引起的浮岛间的相互碰撞，一般在浮岛单体之间留有一定间隙或适当的隔离物。

7. 载体要求

载体材料的可选范围非常广泛，但考虑到施工工艺和造价，目前所用的浮力材料大部分为竹子、泡沫、木头、废旧轮胎、塑料成型浮体等。虽然国内浮岛建设上形式各样，但其主要区别大都在浮岛载体上。良好耐用的浮岛载体需要满足以下条件：

（1）结构具有足够的稳定性，防止被风浪吹走或单元之间的碰撞；

（2）经久耐用，需要抗老化、耐水浸、无污染、耐腐蚀；

（3）植物可在载体上良好地生长，有利于根系的缠绕，使得植物可牢牢地附着在上面，不易散落；

（4）经济性，达到设计效果的同时减少投资成本；

（5）可扩展，便于运输易于拼接，可自由组合。

8. 水生植物选择原则

（1）选择的植物应为适宜水体水质条件生长的多年生水生植物；

（2）以耐污抗污且具有较强的治污净化潜能的植物为主；

（3）根系发达、根茎分蘖繁殖能力强，即个体分株快；

（4）植物生长快、生物量大；

（5）选择冬季常绿的水生植物或驯化后具有景观价值的陆生植物；

（6）满足景观空间形态的需求，综合岸线景观和湖面倒影、水面植物进行适当的景观组织。

9. 水生植物栽培原则

（1）日照——大多数水生植物都需要充足的日照，尤其是生长期，即每年四至十月之间，如阳光照射不足，会发生徒长、叶小而薄、不开花等现象。

（2）用土——除了漂浮植物不须底土外，栽植其他种类的水生植物，须用田土、池塘烂泥等有机黏质土做为底土，在表层铺盖直径 $1\sim2cm$ 的粗砂，可防止灌水时造成水混浊现象。

(3) 施肥——以油粕、骨粉的玉肥做为基肥，约放 4、5 个玉肥于容器角落即可，水边植物不须基肥。追肥则以化学肥料代替有机肥，以避免污染水质，用量较一般植物稀薄 10 倍。

(4) 水位——水生植物依生长习性不同，对水深的要求也不同。漂浮植物最简单，仅须足够的水深使其漂浮；沉水植物则水位必须超过植株，使茎叶自然伸展。水边植物则保持土壤湿润、稍呈积水状态。挺水植物因茎叶会挺出水面，须保持 50～100cm 左右的水深。浮水植物较麻烦，水位高低须依茎梗长短调整，使叶浮于水面呈自然状态为佳。

(5) 疏除——若同一水体中混合栽植各类水生植物，必须定时疏除繁殖过快的种类，如浮萍、大萍等，以免覆满水面，影响睡莲或其他沉水植物的生长；浮水植物过大时，叶面互相遮盖时，也必须进行分株。

(6) 换水——为避免蚊虫孳生或水质恶化，当水体发生混浊时，即必须换水，夏季则须增加换水次数。

10. 净化机能与作用效果

生物浮岛水质净化的目的，主要是减少 COD（化学需氧量）、氮、磷等污染物的浓度，它的净化机理要求与湖沼沿岸植物带的水质净化机理相似。湖沼沿岸植物带的水质净化要素有以下七方面：①植物茎等表面对生物特别是藻类的吸附；②植物的营养吸收；③水生昆虫的摄饵、羽化等；④鱼类的摄饵、捕食；⑤悬浮性物质的沉淀；⑥日光的遮蔽效果；⑦在湖泥表面的除氮。不过，人工浮岛比起湖沼沿岸植物带具有附着生物多、水中直接吸收氮、磷等特点，在对植物性浮游生物抑制、提高水的透视度等方面效果比较显著，见表 4-6。

人工浮岛与湖沼沿岸带的净化效果比较　　　　表 4-6

水质净化机能	湖沼沿岸带	人 工 浮 岛
附着生物		若加上栽培基盘，生物浮岛的附着生物比湖沼沿岸带要多。否则，与湖沼沿岸带一样
植物对氮、磷的吸收	土的吸收量大，水体的吸收不明	水中直接吸收，浮岛上的悬浊物质也吸收

续表

水质净化机能	湖沼沿岸带	人工浮岛
昆虫的摄饵、羽化		因没有土壤,昆虫的量少、效果较小
鱼类的摄饵、捕食	效果大	效果大
沉降	效果大	效果大
日光的遮蔽	效果大	效果大
除氮	效果大	稍有效果
除磷	依靠土壤吸收	在没有土壤的情况下,除磷不太可能

另外,人工浮岛还有其他三方面的作用:①作为鱼类生息场所:人工浮岛本身具有适当的遮蔽、涡流、产生饲料等效果,构成了鱼类生息的良好条件。②作为鸟类、昆虫类的生息空间。③消波作用:作为消波物体的人工浮岛属于浮防波,在海岸工程中研究得比较多。

5 坑塘河道扩容补水与防渗

5.1 坑塘河道扩容

5.1.1 坑塘河道扩容原则[1]

(1) 坑塘水体容量不能满足功能要求时,可进行坑塘扩容。

(2) 可通过扩大坑塘用地面积、提高坑塘有效水深两种形式进行坑塘扩容,并应符合下列规定:①应结合坑塘使用功能、用地条件选择扩容方案,宜首先选择清淤疏浚方式,满足坑塘有效水深;②坑塘扩容规模除特殊要求外,水面面积和水深应符合有关规定。

(3) 坑塘扩容整治与周边其他土地利用发生矛盾时,对旱涝调节、污水处理等涉及生产保障、公共安全、环境卫生的坑塘,应遵循扩容优先的原则,其他坑塘应遵循因地制宜、相互协调的原则。

(4) 旱涝调节坑塘扩容整治应与村庄防灾、排水工程整治相协调,水体调节容量、调蓄水位应达到原有水利排灌控制要求。无相关规定的,其水面面积、常年水深应满足有关规定的下限要求。

(5) 旱涝调节坑塘扩容整治应充分利用地势低洼区域的湖汊,并应符合下列规定:①严禁随意在湖汊等地势低洼的坑塘上填土建造房屋,已建房屋应逐步拆除;②原有单一渔业养殖功能坑塘可改为养殖与旱涝调节兼顾的综合功能坑塘;③调整农业用地结构,退田还湖,宜将地势低洼的原有耕地改为旱涝调节坑塘;④受土地条件限制、无法实施旱涝调节坑塘扩容整治的村庄,应按照统一防灾要求进行整治,弥补现有旱涝调节坑塘水体调节容量的不足。

(6) 水景观坑塘扩容整治应根据用地现状,利用闲置土地扩容,满足水景观要求。

(7) 排涝整治应优先考虑扩大坑塘水体调节容量,强化坑塘旱涝调节功能。主要方法包括：①将原有单一渔业养殖功能坑塘改为养殖与旱涝调节兼顾的综合功能坑塘。②调整农业用地结构，将地势低洼的原有耕地改为旱涝调节坑塘。③受土地条件限制地区，宜采用疏浚河道、新、扩建排涝泵站的整治方式。

(8) 疏挖深度的确定应综合考虑清除内源性污染、控制巨型水生植物生长及有利于生态恢复等。

5.1.2 坑塘河道疏浚方案

坑塘-19：坑塘河道疏浚方案

1. 疏浚开挖方式

为疏通、扩宽或挖深坑塘、河道等水域，可采用人力或机械进行水下土石方开挖。底泥疏挖一般有两种形式：

(1) 第一种方法是将水抽干，然后使用推土机和刮泥机清除表层底泥。人工开挖适用于可断流施工的村庄坑塘河道。

(2) 第二种方法是带水作业，应用范围广泛，坑塘河道疏浚都可用之。而机械施工广泛使用各类挖泥船等设备，有时也用索铲等陆上施工机械。

2. 疏浚方案制定程序

(1) 首先，应对污染底泥的沉积特征、分布规律、理化性质等有比较清楚的了解。

(2) 其次，应在比较精确的测量数据的基础上确定合理的疏挖深度、完成沉积物总量测算及总量调查，对疏挖范围及规模、疏浚作业区的划分及工程量、疏挖方式及机械配置、工作制度及工期等做出科学合理的安排。

(3) 最后，对底泥堆放场地的选择、处置工艺的选取等都要有明确的技术方案，尤其要提出综合利用方案。

3. 疏浚设备选取

疏浚设备的选择需要考虑设备的可得性、项目时间要求、底泥输送距离、排放压头以及底泥的物理、化学特征等。

村庄河道大多为河网中相配套的二级、三级支叉河道，具有排涝、航运、蓄水、供水等多种功能。村庄河道治理是水土保持和生态环境建设的关键，但在治理过程中普遍存在着河窄、水浅和跨河桥梁净高、净宽小等困难，所以在小流域疏浚时宜采用（船宽＜6.0m、吃水＜1.0m、不可拆高＜2.5m）小型疏浚设备施工。与村庄河道较为相似的有城镇河道治理，城镇河道两岸临河建筑多，淤积严重，垃圾分布广，且水体自净能力差，严重阻碍了经济建设和城镇环境治理的发展。针对村庄河道及城镇河道的特点和多年的实践经验，根据表 5-1 选取机械设备进行施工，可有效地避免二次污染及对周边环境的影响。

疏浚设备选型表　　　　表 5-1

船型	作业条件	优点	缺点
泥浆泵	干水作业	挖、运、吹一体，施工质量较好，施工成本低，设备调遣方便	受排距影响大，超过设备额定排距须增设集浆池和接力泵，成本提高；生产效率受垃圾等障碍物影响大
小型绞吸式挖泥船	带水作业	挖、运、吹一体，施工质量好，生产效率高，成本低	受排距影响大，超过设备额定排距须增设接力泵，成本提高；与通航矛盾较大；受河宽、桥梁等限制，调遣不灵活；生产效率受垃圾等障碍物影响大
清淤机（水陆两栖式挖机）	带水或干水作业	受运距影响小	挖运卸设备间相互影响大；施工质量难控制，淤泥质土很难清除净，成本较高；受河宽、桥梁等限制，调遣不灵活

5.1.3　坑塘河道疏浚整治对策

坑塘-20：坑塘河道疏浚整治对策

第一，领导高度重视，部门密切配合。农村坑塘河道既是承担农村灌溉排水任务的基础性工程，又是生态与环境的重要载体。针对目前农村坑塘河道淤积严重、水污染加剧、水生态与水环境不断恶化的问题，应把疏浚农村坑塘河道，整治农村环境作为推进新农村建设的重点内容，明确目标任务，制定扶持政策，要求各级党委、政府加强组织领导，确保按时完成任务。在项目实施过程中，分管领导具体负责，协调解决有关问题。有关部门各司其职、密切配合。各级水利部门作为项目的主要责任单位，认真制定实施计划，积极组织发动，加强业务指导，及时研究解决工作中遇到的新情况、新问题；各级财政部门积极调整投资结构，加大资金投入，保证按进度拨付资金，加强资金管理；各级农工部门积极配合，加强有关问题研究，认真规范村级"一事一议"政策，积极鼓励和引导农民投工投劳；其他相关部门也要强化大局意识，积极支持，形成合力，共同推进农村坑塘河道疏浚整治工作。

第二，统筹规划，综合治理。在推进农村坑塘河道疏浚整治过程中，各地紧紧围绕社会主义新农村建设的需要，坚持统筹规划，综合治理，把农村坑塘河道疏浚整治与村庄环境整治、改善村庄面貌有机结合起来，与改善农村生态环境、打造"绿色村庄"有机结合起来，与土地复垦、农村环保、卫生防疫、交通航运等农村基础设施建设有机结合起来，以农村坑塘河道疏浚为龙头，带动田渠路林和桥涵闸站配套建设，带动农村的改圈、改厕，以取得良好的效果。有条件的地方还应制定相关的管理办法，严格控制向坑塘河道排放污水，严格禁止向坑塘河道倾倒垃圾，逐步实现污水、垃圾集中收集和处理，促进了农村生产方式和生活方式的转变，使农村面貌焕然一新。

第三，财政资金主导，多渠道增加投入。按照"予得更多、取得更少、放得更活"的要求，稳定、完善、强化各项支农惠农政策，加大各级财政对农村坑塘河道疏浚的投入力度，为疏浚整治提供主要的资金保障。在财政资金的带动下，广大农民也积极投工投劳。同时，各地还积极运用市场机制，合理开发水土资源，通过"以土换资"等方式，扩大筹资渠道。例如：江苏省通州市将疏浚河道的淤泥用于制砖，直接从84个砖瓦厂获得河道疏浚资金600万元。可见，形成一个以财政资金为主导、积极引导农民投工投劳、合理开发水土资源的多渠道农村坑塘河道疏浚投入机制是非常必要的。

第四，规范建设管理，保证工程质量。规范建设程序，严格项目资金管理,是工程顺利实施的根本保障。为此,从目标任务、原则要求、计划管理、资金管理、建设管理和竣工验收等方面规范农村坑塘河道疏浚的建设管理程序。项目管理由省、市、县分级负责:省级组织编制总体规划,确定补助标准,制定建设管理办法;市级依据规划,落实年度计划,审批工程项目;县级制定工程建设实施方案,组织施工。资金按照专项资金管理制度,实行专款专用,定期进行财务审计。工程建设严格按照项目法人制、招投标制、监理制、合同制等规章制度进行管理,同时,建立群众监督机制,以接受社会和群众的监督,保证工程质量。

第五,加强运行管理,落实长效机制。各地牢固树立"规划是前提、建设是关键、管理是根本"的治理理念,按照"建管并重、一建即管"的要求,认真落实长效管理机制,发挥坑塘河道疏浚整治的长久效益。一是按照有关法律法规,做好农村坑塘河道的确权划界工作;二是明确管理责任,健全管理制度;三是多渠道落实管理经费。在经济发达地区,主要以乡(镇)村集体出资为主、市县政府适当补助的方式,建立农村坑塘河道管理维护资金,通过社会招标落实管理维护队伍,建立管理维护责任;在经济欠发达地区,一般采取由县(市、区)政府财政适当补贴与利用水面承包相结合的方式,落实管理维护经费;在经济不发达地区,有的通过林权转让、坑塘河道承包等多种措施,建立农村坑塘河道管理维护机制,有的采取划分党员责任区、村民门前三包等方式落实管理责任。通过典型引路,总结推广不同地区的管理经验,以点带面,点面互动,促进农村坑塘河道运行管理机制的建立与完善。

5.2 坑塘河道补水技术

5.2.1 补水原则[1]

(1)雨量充沛、地下水位较高地区的村庄,应充分利用降雨、地下水进行坑塘河道的自然补水;自然补水不能满足水体补给要求时,可采用人工补水方式。

(2) 坑塘河道补水应贯彻开源节流方针，并应符合下列规定：根据当地水资源条件调整用水结构，发展与水资源相适应的产业类型，提高工业循环用水率，减少或取缔高耗水、低产能的中小型企业。污水宜集中收集、集中处理，经处理水质达标后可用于农业灌溉，减少新鲜水取用量。

(3) 山区、丘陵地区的村庄宜充分利用现有水库效能进行蓄水；平原河网、湖泊密集地区的村庄宜充分利用现有取水泵站能力引水，并适度增加旱涝调节坑塘，提高村庄旱季补水应变能力。

(4) 坑塘人工补水可根据当地条件，选择人工引水和人工蓄水两种方式。

1) 人工引水应符合下列规定：①原有引水明渠水源基本断流时，宜重新选择水源，采用人工引水方式补水。水源地宜选择临近坑塘、水量充沛的河道、湖泊、水库或其他旱涝调节坑塘。无条件地区可收集雨（雪）水作为水源。②引水方式宜优先选择涵闸控制的自流引水方式，其次选择泵站抽升提水方式。③引水明渠的布置应根据引水方位、地形条件选在地势低洼、顺坡、线路较短的位置。引水明渠构造结合自然地形可采用浆砌砖、块石护砌明渠或土明渠。④平原地区宜采用土明渠，山区及丘陵地区宜采用块石、砖护砌明渠。

2) 人工蓄水应符合下列规定：①坑塘原有引水明渠水源出现季节性缺水时，可选用人工蓄水方式补水。②可采用在坑塘下游排水口处设置节制闸或滚水坝的蓄水方式补水。③水深要求变化较大的坑塘应采用节制闸控制，按坑塘不同水深要求控制节制闸的开启水位；水深要求变化不大的坑塘可采用滚水坝控制，坝顶高度按坑塘正常水深相应水位高度控制。

(5) 有取水功能的河道出现自然补水不足时，可采取下列措施：

1) 因水源断流出现自然补水不足时，下游取水构筑物较多的河道应采用人工引水方式保障河道最小流量；下游取水构筑物较少的河道可废弃原有取水构筑物，另选水源地取水。

2) 因季节性缺水出现自然补水不足时，可采取局部工程措施人工蓄水。可在取水构筑物处适当挖深河床,降低进水孔或吸水管高度,满足取水水泵有效吸水深度,河床挖深不宜超过1m。

5.2.2 补水量计算[15]

坑塘-21:补水量计算

1. 坑塘生态环境需水量计算

坑塘生态环境需水量是以生态环境现状为出发点,为保证坑塘发挥正常的环境功能,为维护生态环境不再恶化并逐步改善所需的具有一定质量的水量。

(1) 水量平衡法

1) 定义和目的

根据坑塘水量平衡原理,坑塘所蓄水量由于入流和出流水量不尽相同而处在不断变化之中,在没有或较少人为干扰的状态下,坑塘水量的变化处于动态平衡。

2) 适用条件

适用于人为干扰较小的闭流坑塘或水量充沛的吞吐坑塘的保护与管理,也适用于在人工控制下的人工坑塘。

3) 计算方法

$$dV/dt = (R+P+G_i)-(D+E+G_0) \tag{5-1}$$

式中　　P——降水量(m^3);

R——地表径流的入塘水量(m^3);

G_i——地下径流的入塘水量(m^3);

D——出塘水量(m^3);

E——水面蒸散量(m^3);

G_0——地下径流的出塘水量(m^3)。

如果是闭流坑塘,上式可简化为:

$$dV/dt = (P+G_i)-(E+G_0) \tag{5-2}$$

最小生态环境需水量应当保证补充坑塘的蒸散量、地下径流的出塘水量,可根据坑塘水量消耗的实际情况来进行估算。例如:西北地区闭流坑塘水量的消耗主要是坑塘水面的蒸散,坑塘最小生态环境需水量应保证补充坑塘水面蒸散的耗水量。原则上，闭流坑塘是不可以大量取水用于生活用水、工业用水和农业用水。而在华北地区，由于地下水超采严重，所以必须充分考虑地下径流的出塘水量。

(2) 换水周期法

1) 定义和目的

换水周期是指全部坑塘水交换更新一次所需时间的长短，是判断某坑塘水资源能否持续利用和保持良好水质条件额度的一项重要指标。

2) 适用条件

适用于人为干扰较小的闭流坑塘或水量充沛的吞吐坑塘的保护与管理，也适用于在人工控制下的人工坑塘。

3) 计算方法

$$T = W/Q_t \tag{5-3}$$

$$T = W/W_q \tag{5-4}$$

式中　T——换水周期(d)；

W——多年平均蓄水量(m^3)；

Q_t——多年平均出塘流量(m^3/s)；

W_q——多年平均出塘水量(m^3)。

坑塘最小生态环境需水量可以根据枯水期的出塘水量和坑塘换水周期来确定，合理地控制出塘水量和出塘流速，将有利于坑塘生态系统及其下游生态系统的健康和恢复。

(3) 最小水位法

1) 定义和目的

最小水位法是指综合维持坑塘生态系统各组成分和满足坑塘主要生态环境功能的最小水位最大值与水面面积的积，来确定坑塘生态环境需水量。

2) 适用条件

对于干旱、缺水区域或人为干扰严重的坑塘，入塘流量很少，出塘流量极少或为零，或者坑塘存在季节性缺水和水质性缺水，如果大量取用，坑塘生态系统难以维持，也就是说，不能保持自然状态下的坑塘水量平衡和换水周期。

3) 计算方法

$$W_{min} = H_{min} \times S \tag{5-5}$$

式中 W_{min}——坑塘最小生态环境需水量(m^3);

H_{min}——维持坑塘生态系统各组成分和满足坑塘主要生态环境功能的最小水位最大值(m);

S——水面面积(m^2)。

2. 河道生态环境需水

河道生态环境需水量是指为保护和改善河道水体水质、为维护河道水砂平衡、水盐平衡及维持河口地区生态环境平衡所需要的水量。河道最小环境需水量是指为维系和保护河流的最基本环境功能不受损坏,必须在河道内保留的最小水量,其理论上由河道的基流量组成。最小环境需水量所要满足的环境功能主要包括:①保持水体一定的稀释能力;②保持水体一定的自净能力。

(1) Tennant 法

1) 定义和目的

将不同季节所需河川流量以年平均日流量的百分比来表示的方法称之为 Tennant 法。该方法简单易行,便于操作,不需要现场测量。

2) 适用条件

适用于任何有季节性变化的河道,既适应有水文站点的季节性河道,又适应没有水文站点的季节性河道。

3) 判断标准

该方法设有 8 个等级,推荐的基流分为汛期和非汛期,推荐值以占径流量的百分比作为标准,见表 5-2。径流量在水文上有时指流量,有时指径流总量,即单位时间内通过河槽某一断面的径流量。

保护鱼类、野生动物、娱乐和有关环境资源的河流流量状况 表 5-2

河流流量状况	季节(月)	最大	最佳	极好	非常好	好	中	差或最差	极差
推荐的基流(平均流量)(%)	10~3	200	60~100	40	30	20	10	10	0~10
	4~9	200	60~100	60	50	40	30	10	0~10

(2) 月(年)保证率设定法

1) 定义和目的

月(年)保证率设定法是指根据实际情况及现有水文资料,并参考 Tennant 法提出的一种计算河道基本环境需水量的方法。

2) 计算步骤

① 根据系列水文资料,首先对各月天然径流量按从小到大的顺序进行排列。

② 计算月不同保证率(50%、75%、95%)下所对应的水文年及多年平均情况下的各月天然流量、多年平均值。

③ 选择上述不同保证率、多年平均所对应的各月天然径流量作为原始数据,进行各月河道环境需水量的计算。

④ 计算最大允许污染物排放量。根据各月河道环境需水量和河流水质标准计算各月及全年最大允许污染物排放量。计算公式如下:

$$W_{mi} = Q_{me} \times C_i / 1000 \tag{5-6}$$

式中 W_{mi}——允许污染物排放量(kg/月或 kg/年);

Q_{me}——河道环境需水量(m^3/月或 m^3/年);

C_i——污染物排放浓度标准(mg/L);

i——水质标准的类别。

⑤ 计算最大允许废水排放量。根据最大允许污染物排放量和废水排放标准,计算相对应于河道环境需水量的月(年)最大允许废水排放量。

(3) 最小月(年)计算方法

最枯月平均流量法,即 100%保证率(在系列水文资料中)下的月(年)径流量。采用此方法计算出的结果可认为是河道的最小生态(环境)需水量或最低值、阈值。

5.2.3 补水方案设计[16,17]

坑塘-22:补水方案设计

村庄地下水(深层水、浅层水、潜水、渗透水)、地表水(天然河、湖泊、水库水)等传统水源、雨水(雨水、雪水)和污水处理再生水等非传统水源都可以作为村庄坑塘河道的补充水源。但各自具有不同的特点,各有利弊。因此,在不同地区村庄坑塘河道的补水水源应仔细分析地域特点,综合考虑可行性、经济性、生态性和景观效果等方面的因素,提出切实可行的补水方案。

1. 设计原则

进行补水方案设计时,应全面考虑当地的地域特点(气象、气候、地质、地理等)及水资源情况,还要充分结合水体的规模、结构等因素,因地制宜,提出科学、合理、经济的补水方案。

(1) 科学调查当地水资源

在确定补水水源前,应对项目用地范围的水资源情况进行考察、汇总,了解可能利用的补水水源,全面比较每一种补水水源的特点(水位、水质等)、使用规定、可行性、投资(施工等费用)及运行费用(动力、人工费等),并对实施难易程度进行比较。

(2) 水量平衡计算分析

根据坑塘河道用水规划对水体进行水量的平衡估算,从量的角度估算出用水量与补水量之间的关系,确定以常水位为准的补充水量,同时估算不同补水量条件下水位的变化情况,作为确定合理补水水源的依据。

(3) 确定补水水源,提出补水方案

在充分调查及分析当地水源的基础上,充分分析拟建水体的规模,筛选补水水源。然后,提出完整的单一或多种水源联合补水的补水方案,并进行经济可行性分析,最终确定补水方案。

2. 水质保障

坑塘河道的水质保障是补水效果的根本,特别是采用雨水等作为补水水源时,水质保障尤为重要。

(1) 水源的水质保障

对补水水源的水质进行源头保障,才能为水体良好水质的保持提供前提条件,否则会给运行水体的水质保障设施造成巨大压力。当采用雨水时,除将污染比较严重的初期雨水通过弃流装置、弃流池(井)等进行处理外,还可设置截污滤网、截污挂篮用来去除屋面及路面雨水中一些大颗粒污染物,再经植被浅沟、植被过滤带等生态型自然排水措施,通过沉淀、过滤、渗透、吸收及生物降解的联合作用去除一些污染物,以达到控制雨水径流水质的目的。

(2) 水体的水质保障

促进水体的循环可在一定程度上保障水质,一方面可配合水生植物和土壤过滤进行水的处理,另外形成循环水流,使流水不腐,也会产生很好的效果,但不能从根本上解决水体富营养化问题,且当水体规模很大时,水体循环能耗过大,经济负担过重。

对于小型水体可通过及时清淤、强制曝气循环、投药杀菌、定期补水等保障水质;稍大的水体也可围挡种植一些水生植物对水质进行净化;对大面积的水位,可构建科学、可持续的水体生态功能,如坑塘或河道堤岸净化带、水体生物浮岛、生态堤岸、放养水生动物等,建立起完善的水生生态系统,不仅可保障水质效果,还可提高水体的抗冲能力。

5.2.4 引水明渠设计与蓄水方式选用[1]

坑塘-23:引水明渠设计与蓄水方式选用

1. 引水明渠断面及坡度规定

对引水流量较小、水体容量有限的坑塘,明渠断面可参考图 5-1,坡度可参考表 5-3 中的控制标准。例如:根据明渠断面和坡度对应关系,图示明渠断面的最小流量可达 $0.4 m^3/s$ 以上,日引水流量达 $3.5 \times 10^4 m^3$,对水体容量 $10^5 m^3$ 的最大坑塘,3d 内可完成最大容量补水。

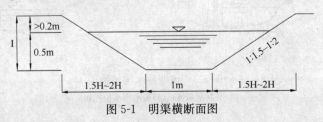

图 5-1 明渠横断面图

明渠坡度控制标准　　　　　　　表 5-3

水渠类别	粗糙系数	最大流速(m/s)	最大坡度	最小流速(m/s)	最小坡度
黏土及草皮护面	0.025~0.030	1.2	0.004	0.4	0.007
干砌块石	0.022	2.0	0.009	—	0.004
浆砌块石	0.017	3.0	0.012	—	0.003
浆砌砖	0.015	3.0	0.009	—	0.002

2. 明渠构造形式的选择

平原地区引水渠坡度较缓，土明渠基本能适应流速要求，采用土明渠可节省明渠建设投资；山区及丘陵地区明渠坡度较大，常有水流冲刷现象，宜选择构造承载力较高的块石护坡明渠（见图 5-2）。

图 5-2　不同类别的明渠断面
(a)土明渠；(b)块石护坡明渠

3. 坑塘蓄水方式的选用

旱涝调节坑塘水位变化大，适宜采用节制等方式蓄水；其他功能的坑塘水位变化较小，适宜采用滚水坝等方式蓄水（见图 5-3）。

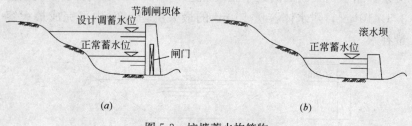

图 5-3　坑塘蓄水构筑物
(a)节制闸坝体；(b)滚水坝水位控制

5.3 坑塘渠道防渗技术[13]

坑塘渠道防渗技术　　　　　　　　　　　　表 5-4

种类	适用条件	应用效果
土料防渗	气候温和无冻害村庄的中小型人工坑塘或渠道	一般可减少渗漏量的 60%～90%
水泥土防渗	气候温和且无冻害地区的人工坑塘或渠道	一般可减少渗漏量的 80%～90%
砌石防渗	沿山人工渠道和石料丰富、劳动资源丰富石匠多的山丘地区	一般可减少渗漏量 50% 左右
混凝土防渗	大小人工坑塘或渠道在不同工程环境条件都可采用，但缺乏砂石骨料的地区造价较高	一般能减少渗漏损失 90%～95% 以上
沥青混凝土防渗	有冻害的地区，沥青资源比较丰富地区的人工坑塘或渠道	一般能减少渗漏损失 90%～95%
膜料防渗	交通不便运输困难或当地缺乏其他建筑材料地区、有侵蚀性水文地质条件及盐碱化地区、北方冻胀变形较大地区的人工坑塘或渠道	一般能减少渗漏损失 90%～95% 以上

坑塘-24：土料防渗技术[14]

1. 定义和目的

当地基渗透性强时，为防止大量水的渗漏损失，应采取必要的防渗工程措施。防渗不仅能节约灌溉用水和节省占地、减少工程费用和维护费用，而且能降低地下水位、防止土壤次生盐碱化，防止渠道的冲淤和坍塌，加快流速提高输水能力，减小渠道断面和建筑物尺寸。

2. 技术原理

在坑塘或渠道表面铺上一层适当厚度的黏性土、黏砂混合土、灰土、三合土和四合土等材料，经夯实或碾压形成一层紧密的土料防渗层，以减少坑塘或渠道的渗漏损失。

3. 技术要点

（1）首先清除坑塘或河道的底和坡含有机质多的表层土和草皮、树根等杂物；

(2) 选用符合要求的土料、石灰、砂石和渗合料，土料的原材料应粉碎、过筛，素土粒径不应大于 2cm，石灰不应大于 0.5cm；

(3) 试验选定适宜的土料防渗配合比，严格掌握土料的最优含水量，拌和后含水率与最佳含水率的偏差值不大于 1‰；

(4) 确定防渗层厚度，根据不同土料种类，渠底厚度 10～40cm，渠坡 10～60cm；

(5) 严格控制土料的配料、拌和、铺料和夯实或碾压，防渗层厚度大于 15cm 时，应分层铺筑；

(6) 铺筑时应边铺筑，边夯实，夯实后土料的干容重不得小于设计干容重，铺筑完成后，应加强对防渗层的养护，保持充分的湿度和较高的温度。

4. 适用条件

能就地取材，造价低，投资少，施工简便，但抗冻性差，耐久性较差，需劳力多，质量不易保证，适用于气候温和无冻害村庄的中小型人工坑塘或渠道。

5. 防渗材料及厚度

(1) 素土、黏砂混合土：防渗厚度 20～60cm。

(2) 三合土、四合土、灰土：防渗厚度 10～25cm。

6. 防渗效果及使用年限

(1) 防渗效果：$0.07\sim0.17\text{m}^3/\text{m}^2 \cdot \text{d}$，一般可减少渗漏量的 60%～90%。

(2) 素土、黏砂混合土的使用年限 5～15 年，三合土、四合土、灰土的使用年限为 10～25 年。

7. 防渗层施工方法

(1) 配料与拌和

1) 配料可采用重量法或体积法。配料时应严格控制配合比，同时测定土料含水量和填筑干密度，其称量误差，土、砂、石不得超过±3%～5%，石灰石不得超过±3%，拌合水须扣除原材料中的含水量，其称量误差不得超过±2%。

2) 拌和采用人工拌合或机械拌合，按下述要求进行：①黏砂混合土，宜先将砂、石料洒水润湿，在与粉碎过筛的土料拌合均匀后，再加水拌至均匀。②灰土应先将石灰消解过筛，并加水稀释成石灰浆，然后撒在粉碎过筛的土上，拌合至色泽均匀，并闷料1~3d。闷料是灰土施工工艺中十分重要的一环，其目的是让石灰充分熟化，使灰土形成一定的絮凝状结构，增强石灰与土的胶凝能力。否则施工后，残存的未消化的石灰颗粒，吸水消化后会造成灰土衬砌内部的"龟裂"或"鼓泡发炸"。另外，有些地区也可直接采用生石灰粉与土料拌合，这就要求拌合后闷料的时间要相应增长，一般为3~5d，而且闷料后，铺筑前应进行较充分的二次拌合，以保证石灰在灰土中充分消化。③三合土和四合土宜先拌石灰和土，然后加入砂、石料干拌最后洒水拌至均匀，并闷料1~3d。④贝灰混合土宜干拌后，过孔径10~12mm的筛，然后洒水拌至均匀，闷料24h。

总之，无论是灰土、三合土还是贝灰混合土，都应充分拌合，闷料熟化。人工拌合要"三干三湿"，机械拌合要洒水匀细，加水量要严格控制在最优含水量的范围内，使拌合后混合料能"手捏成团，落地散开"。

(2) 铺料和夯压

1) 铺筑前要求处理渠道基面，清除淤泥，削坡平整。

2) 铺筑时，灰土、三合土、四合土宜采用先渠坡后渠底的顺序施工；素土和黏砂混合土则宜采用先渠底后渠坡的施工顺序。各种土料防渗层都应从上游向下游方向铺筑，以保证防渗层顺水流方向的稳定。

3) 当防渗层厚度大于15cm时，应分层铺筑夯实，而且层面间还应刨毛洒水。压实时每层铺料厚度：人工夯压时，不宜大于20cm；机械夯压时，不宜大于30cm。

4) 边铺料边夯压，直至达到设计干密度。夯压后素土、灰土干密度应达到$1.45 \sim 1.55 g/cm^3$；三合土和黏沙混合土应达到$1.55 \sim 1.70 g/cm^3$。另外，土料防渗层夯实后，厚度应略大于设计厚度，以便修整成设计渠道断面。

5) 对膨润混合土，应先拌成泥状，然后均匀地铺筑上渠，揉压2~3遍，其拌合揉压历时不得超过30min。

总之，土料防渗层施工质量的好坏，夯实是关键。一般如遇素土料过湿时，一般应先摊铺上渠，待土料稍干后再进行夯压；灰土、三合土夯实时要反复拍打，直到不再出现裂纹并拍打出浆、指甲刻画不进为止。然后再涂刷一层1∶10～1∶15浓度的青矾水（硫酸亚铁溶液），以增强灰土和三合土的表面强度和耐久性。另外，为增强土料防渗的防冲、抗冻能力，也可以在土料防渗层表面用1∶4～1∶5的水泥砂浆，或1∶3∶8的水泥石灰砂浆抹面，抹面厚度一般为0.5～1.0cm。

（3）施工养护

施工时，要尽量避开雨季和寒冷季节。在铺筑完成后，应加强对防渗层的养护工作。特别是对灰土和三合土，精心养护尤为重要。土料防渗层夯实后，需加草席和稻草等物覆盖进行养护，干燥时还要勤洒水，避免暴晒、雨淋，促其强度增长。冬期施工时，进行保温保湿养护更为重要。

8. 推广前景

因其投资少、见效快，在今后较长一段时间内，仍将是我国中、小型渠道的一种较简便可行的防渗措施。随着我国经济实力增强、防渗新材料和新技术不断问世，应用传统的土料防渗技术正在逐年减少。但是，随着新型碾压机械的应用、土的电化学密实和防渗技术的发展以及新化学材料的研制，也可能会给土料防渗带来生机。

坑塘-25：水泥土防渗技术

1. 技术原理

将土料、水泥和水按一定比例配合拌匀后，铺设在渠床表面，经碾压形成一层紧密的水泥土防渗层，以减少渠道输水过程中的渗漏损失。

2. 技术要点

（1）所用土料应风干、粉碎、过5mm网筛。

（2）水泥土现场铺筑应做到配料准确，搅拌均匀、摊铺平整、浇捣密实。拌合水泥土时先干拌、后湿拌，铺筑水泥土前应洒水湿润渠基，半小时左右，将拌好的水泥土按先渠坡后渠底的顺序均匀铺筑。初步抹平后，宜在表面撒一层厚 2mm 的水泥，随即揉压抹光，每次抹合料从加水至铺筑宜在 1.5h 内完成。

（3）设置保护层的塑性水泥土应在塑性水泥土初凝之前铺设完毕。当保护层为水泥砂浆时，应在水泥砂浆面上刷一层水泥浆，用压板压光，并且养护两周以上。

（4）注意留引缩缝，一般每隔 1.5～2.0m 留一条引缩缝，并用适宜材料填缝止水。

（5）若采用预制板、块铺设施工时，应按现场铺筑要求拌制水泥土，然后将其装入模具中压实成型后拆模，放在阴凉处静置 24h，洒水养护，最后将渠床修整后，按设计要求铺设预制板、块。

3. 适用条件

气候温和且无冻害地区的人工坑塘或渠道。

4. 应用效果

一般可减少渗漏量的 80%～90%；能就地取材；技术简单，农民容易掌握；造价低，投资少；可以充分利用现有的拌合及碾压机械设备。

5. 推广前景

因其投资少、见效快，在今后较长一段时间内，仍将是我国中、小型渠道的一种较简便可行的防渗措施。但是，因其早期强度及抗冻性较差，随着效果更优的防渗新材料和新技术不断涌现，水泥土防渗大面积推广应用的前景较差。

坑塘-26：砌石防渗技术

1. 技术原理

将石料浆砌或干砌勾缝铺设在渠床表面，形成一层不易透水的石料防渗层，以减少渠道在输水过程中的渗漏损失。

2. 技术要点

（1）采用浆砌块石防渗时，首先将石料用水洗刷干净；砌石应分层砌筑，基础第一层应选用较大块石，每层厚度约 25～30cm，选用的块石面高度尽可能一致，两边面石砌好后，在其中倒入砂浆，砂浆厚度为每层厚度的 1/4～1/3，然后填塞碎石块进行灌浆；砌筑块石或片石时，应注意将横缝与纵缝相互错开，砌体应洒水养护 7d；地下水位较高的地区，应在砌体下设排水孔；浆砌块石砌体每隔 20～50m 留一条伸缩缝，约宽 3cm，用沥青水泥砂浆灌注。

（2）采用干砌块石防渗时，先将渠床清理，平整和夯实，在渠底铺一层约 5cm 厚的砂浆垫层，然后将石块安放平稳，并用碎石塞紧，如用块石衬砌，一般厚度为 20～40cm，如用片石厚度为 15cm，将石块之间的缝扫净并洒水湿润后，用水泥砂浆勾缝，并进行养护。

3. 适用条件
沿山人工渠道和石料丰富、劳动资源丰富石匠多的山丘地区。

4. 应用效果
抗冲流速大、耐磨能力强；抗冻和防冻害能力强；具有较好的防渗效果，可减少渗漏量 50% 左右；就地取材、造价较低；能有效地稳定渠道。

5. 推广前景
我国山丘地区所占国土面积很大，石料资源十分丰富，农民群众又有丰富的砌石经验，因此，砌石防渗仍有广阔的推广应用前景，但随着劳动力价格提高，因砌石防渗难以实现机械化施工，且质量不易保证，在劳动力紧缺的地区则受到制约。

坑塘-27：混凝土防渗技术

1. 技术原理
将混凝土铺设在渠床表面，形成一层不易透水的混凝土防渗层，以减少渠道在输水过程中的渗漏损失。

2. 技术要点
混凝土衬砌按施工方法分为现浇和预制两种。

对于现浇混凝土防渗时，其技术要点为：①根据地质条件和方便施工来确定防渗衬砌断面形式及要素；②选择适宜的结构形式和强度标号，一般大块平板现场浇筑，在南方地区板厚为 5～15cm，北方地区为 10～15cm，混凝土强度等级采用 C10～C20，板间布置横向和纵向伸缩缝,并用沥青混合物或沥青砂浆油膏等进行填缝;③在地下水位较高的渠段,应设置排水垫层或开挖排水暗沟;④按拉线放样、清基整坡、分块立模、配料拌合、浇灌捣筑、光面养护、渠堤处理等七道工序进行施工。

对于预制混凝土板防渗时,其技术要点为:①按预制板施工机械及人工搬运要求确定预制板尺寸;②清基测量、按设计断面结构整坡、打桩拉线放样;③在铺设断面的坡脚与坡顶设置固定齿槽,在平行水流方向每隔15~20m设置一道混凝土隔墙;④自下而上铺设,各预制板间留1~3cm的缝隙,用砂浆填缝。

3. 适用条件

大小人工坑塘或渠道在不同工程环境条件都可采用,但缺乏砂石骨料的地区造价较高。

4. 应用效果

防渗效果好,一般能减少渗漏损失90%~95%以上;耐久性好寿命长,一般混凝土衬砌渠道可达50年以上;糙率小,可加大渠道流速,缩小断面,节省渠道占地;强度高,防破坏能力强,便于管理。

5. 推广应用前景

是我国最主要的一种渠道防渗技术措施,推广应用前景十分广阔。

坑塘-28:沥青混凝土防渗技术

1. 技术原理

将以沥青为胶结剂,与矿粉、矿物骨料经过加热、拌合、压实而成的沥青混凝土铺设在渠床表面,形成一层不易透水的防渗层,以减少渠道在输水过程中的渗漏损失。

2. 技术要点

沥青混凝土衬砌防渗,可分为热拌沥青混凝土、冷拌沥青混凝土和沥青预制件衬砌防渗三种方法。

(1)对于热拌沥青混凝土防渗,材料组成为:沥青6.3%,矿渣填料9.5%,砂51.2%,骨料(砾石)33%,在高温下热拌合后即在渠基上铺筑，先静压1～2遍，再振动压实。压实渠坡时，上行振动，下行静压。压实过程中，应严格控制施工温度和碾压遍数。中小型渠道单层铺设厚度4～5cm，大型渠道双层铺设，厚度8～10cm。在温暖地区可不设伸缩缝，在寒冷地区沿水流方向每隔5～6m设横向缝一条，当渠坡或渠底板宽大于6m时，要在中间设纵向缝一条，一般采用梯形或Y形缝，并用聚氯乙烯胶泥或沥青砂浆填缝。

(2) 对冷拌沥青混凝土防渗，采用与热拌同样组成的材料，直接在铺筑处混合冷拌并就地进行铺筑压实，进行养护使其固结硬化。

(3) 对于沥青预制件衬砌防渗，采用与热拌同样的组成材料，做成尺寸为0.5m×0.5m或0.5m×1.0m，厚4～6cm的沥青预制板块，采用平面振动器振压达到2300kg/m³容重，然后用人工或机械进行铺设。

3. 适用条件

有冻害的地区，沥青资源比较丰富地区的人工坑塘或渠道。

4. 应用效果

防渗效果好，一般能减少渗漏损失90%～95%；适应变形能力强；不易老化，且对裂缝有自愈能力；容易修补；造价较低，仅为混凝土防渗的70%。

5. 推广应用前景

随着石油化学工业的发展，沥青资源逐渐丰富，效果较好的热拌沥青混凝土防渗的推广应用前景十分广阔。

坑塘-29：膜料防渗技术

1. 技术原理

用不透水的土工织物（即土工膜）铺设在渠床表面，形成一层不易透水的防渗层，以减少渠道在输水过程中的渗漏损失。

2. 技术要点

(1) 土工膜有多种，常用的有聚氯乙烯膜、沥青玻璃纤维布油毡、复合土工膜等，应根据其适宜的应用条件来选择；

（2）清理和开挖基槽，在基槽上口的两肩各作宽 20~30cm 的戗台或小沟；

（3）加工膜料，可用焊接、黏接和缝接，现场铺设采用黏接或搭接时应重叠 10~15cm，铺设时将膜料边缘埋入戗台或小沟，以防膜料下滑；

（4）在膜料上覆盖土层并夯实。

3. 适用条件

交通不便运输困难或当地缺乏其他建筑材料地区、有侵蚀性水文地质条件及盐碱化地区、北方冻胀变形较大地区的人工坑塘或渠道。

4. 应用效果

防渗效果好，一般能减少渗漏损失 90%~95% 以上；适应变形能力强；质轻、用量少、方便运输；施工简便、工期短；耐腐蚀性强；造价低，塑膜防渗造价仅为混凝土防渗的 1/15~1/10。

5. 推广应用前景

随着高分子化学工业的发展，新型防渗膜料的不断开发，其抗穿刺能力、摩擦系数及抗老化能力得到提高，膜料防渗推广应用前景十分广阔。

6 坑塘河道淤泥综合利用

虽然坑塘河道淤泥是一种固体废弃物,但淤泥的资源化利用,不仅可以扩容坑塘、疏浚河道,提高抗洪、通航能力,而且可避免淤泥的二次污染,其环境效益、社会效益和经济效益非常显著。

6.1 淤泥特性与农用标准

6.1.1 淤泥开采与贮存[18]

坑塘河道淤泥层较均匀,开采方法常用分层采掘法。开采时应先清除杂草、砾石、块石等杂物,再进行人工或机械开采。一般采用推土机牵引铲运机采挖,按土方单价计费。淤泥须在冬季抓紧采挖,因冬季坑塘河道水位下落露出塘底或河床,是淤泥开采的最佳时期。一般开采期为9月下旬至来年3月底或4月中旬。

一般来说,春季雨水多,淤泥只要调匀水分,保持适中稠度便可投入使用;夏秋季节雨水减少,气温升高,需指派专人负责原料场洒水,保持淤泥水分均匀、适度,以推土机铲不沾泥土为宜。如遇特殊情况,坑塘河道淤泥可边采挖边设法调匀水分,保持适中稠度便可使用。

6.1.2 淤泥物理化学特性

淤泥性质对淤泥的应用有明显的影响,表征淤泥物理性质的常用指标有颜色、粒径组成、含水率、收缩率、可塑性等。化学性质决定了淤泥资源化利用的方向,一般包括有机物、化学成分等指标。

6.1.2.1 物理性质[18,19]

坑塘河道淤泥具有颗粒微细、含砂量少、可塑性高、表面张力和黏度大、结合力强、具有吸附性和膨胀性能、干燥敏感性、收缩率大、易干燥等特性。

(1) 颜色：一般淤泥表层1.0～1.5m以上呈褐色，底层1.0～1.5m以下呈淡黄色。

(2) 粒径：典型的淤泥颗粒粒径及含量，见表6-1。

典型淤泥的颗粒分析　　　　　　　　表6-1

淤泥产地	颗粒粒径(mm)及颗粒含量(%)							塑性指数
	<5	5～10	10～25	25～50	5～50	50～100	>100	
苏州河表层	10	4	31	20		15	20	14
苏州河中层	8	2	9	18		46	17	10
苏州河下层	5	1	2	9		9	64	6
台湾石门水库	58				39	3	0	16
台湾明德水库	38				59	3	0	14
台湾镜面水库	60				38	2	0	23

注：引自范锦忠. 2007(12)。

(3) 含水率：含水率较高，一般淤泥表层1m以上含水率为15%～20%，底层1m以下含水率为10%～15%。

(4) 收缩率：一般干燥收缩率5%～8%，烧成收缩率3%～5%。

(5) 可塑性：一般淤泥的塑性指数大于15，属高可塑性原料。

6.1.2.2　化学性质[19,20]

坑塘河道淤泥是以二氧化硅、三氧化二铝为主的黏土质材料，主要由石英、黏土类矿物(伊利石、高岭石、蒙脱石)、长石类矿物组成，另含少量的碳酸盐，微量的硫酸盐、磷酸盐及有机物，见表6-2。

典型淤泥的主要化学成分及含量　　　　　　表6-2

淤泥产地		化学成分及含量(%)							
		SiO_2	Al_2O_3	Fe_2O_3	CaO	MgO	K_2O	Na_2O	烧失量
上海	金山区秀洲塘河	63.90	15.50	5.60	2.20	2.00	2.70	1.30	5.18
	浙江路桥(上层)	60.32	9.05	3.95	5.72	2.54	2.06	1.75	11.31
苏州河	浙江路桥(中层)	65.18	9.65	4.30	4.97	1.92	1.95	1.41	7.90
	浙江路桥(下层)	86.65	2.65	1.05	1.61	1.25	1.02	1.04	2.52
	盘湾里	60.12	10.59	4.68	4.97	6.51	2.25	1.96	11.97

续表

淤泥产地		化学成分及含量(%)							
		SiO_2	Al_2O_3	Fe_2O_3	CaO	MgO	K_2O	Na_2O	烧失量
苏州河	古北路桥	50.92	8.50	4.43	11.72	2.55	1.94	1.75	14.79
	第一丝绸厂	56.58	9.05	2.91	9.24	2.55	2.02	1.94	13.11
	中山路桥	52.46	9.06	4.05	12.08	2.55	1.89	1.73	14.28
	北新泾桥	53.00	9.00	3.16	10.66	2.81	1.94	1.08	15.18
武汉	翡翠水库	75.40	14.60	4.90	0.80	1.50	2.30	0.40	7.20
	东湖泊	57.77	15.09	6.36	2.05	1.36	2.12	0.95	13.81
	水果湖泊	65.51	16.90	5.29	1.28	1.47	0.80	0.40	2.46
台湾	石门水库	65.00	20.30	7.20	1.10	2.50	3.40	0.40	7.70
	宝山水库	80.30	10.30	4.80	0.90	1.30	2.00	0.30	7.20
	大埔水库	67.10	17.80	6.80	2.50	2.60	2.80	0.50	7.70
	明德水库	75.80	13.50	4.90	1.10	1.70	2.50	0.40	7.40
	明潭水库	74.10	14.80	5.00	1.20	1.70	2.50	0.40	7.40
	日月潭水库	73.00	15.00	5.80	1.40	1.80	2.60	0.40	7.20
	仁义水库	62.40	20.00	7.40	3.50	3.20	3.10	0.40	7.70
	镜面水库	72.20	13.10	4.60	2.50	1.60	2.90	3.20	7.50
	阿公店水库	67.90	18.10	6.90	1.30	2.60	2.80	0.50	7.80
	澄清湖水库	65.60	16.70	6.00	6.60	2.20	2.60	0.30	7.20

注：数据来源于范锦忠.2007(12)，王君若等.2007(8)。

6.1.3 淤泥农用标准[21]

坑塘-30：淤泥农用标准

农田施用坑塘河道污泥，其污染物的最高容许含量应符合表 6-3 中的规定。

农用污泥中污染物控制标准值　　　　表 6-3

项目	最高容许含量(mg/kg 干污泥)	
	在酸性土壤中(pH<6.5)	在中性和碱性土壤中(pH≥6.5)
镉及其化合物(以 Cd 计)	5	20
汞及其化合物(以 Hg 计)	5	15

续表

项 目	最高容许含量(mg/kg 干污泥)	
	在酸性土壤中(pH<6.5)	在中性和碱性土壤中(pH≥6.5)
铅及其化合物(以 Pb 计)	300	1000
铬及其化合物(以 Cr 计)*	600	1000
砷及其化合物(以 As 计)	75	75
硼及其化合物(以水溶性 B 计)	150	150
矿物油	3000	3000
苯并(a)芘	3	3
铜及其化合物(以 Cu 计)**	250	500
锌及其化合物(以 Zn 计)**	500	1000
镍及其化合物(以 Ni 计)**	100	200

注：引自《农用污泥中污染物控制标准》(GB 4284—84)。
  *铬的控制标准适用于一般含六价铬极少的具有农用价值的各种污泥，不适用于含有大量六价铬的工业废渣或某些化工厂的沉积物。
  **参考标准。

另外，还应符合以下规定：

（1）施用符合标准的污泥时，一般每年每亩用量不超过 2000kg（以干污泥计）。污泥中任何一项无机化合物含量接近标准值时，连续在同一土壤上施用不得超过 20 年。含无机化合物较少的石油化工污泥，连续施用可超过 20 年。隔年施用矿物油和苯并(a)芘的标准可适当放宽。

（2）为了防止对地下水的污染，在沙质土壤和地下水位较高的农田上不宜施用污泥；在饮水水源保护地带不得施用污泥。

（3）生污泥须经高温堆腐或消化处理后才能施用于农田。污泥可在大田、园林和花卉地上施用，在蔬菜地和当年放牧的草地上不宜施用。

（4）在酸性土壤上施用污泥除了必须遵循在酸性土壤上污泥的控制标准外，还应该同时年年施用石灰以中和土壤酸性。

（5）对于同时含有多种有害物质而含量都接近标准值的污泥，施用时应酌情减少用量。

（6）发现因施污泥而影响农作物的生长、发育或农产品超过卫生标准时，应该停止施用污泥和立即向有关部门报告，并采取积极措施加以解决。例如：施用石灰、过磷酸钙、有机肥等物质控制农作物对有害物质的吸收，进行深翻或用客土法进行土壤改良。

6.2 淤泥综合利用技术

坑塘河道淤泥的用途非常广泛，目前主要的处置方法有：一是农田利用；二是植树造林；三是园林绿化；四是土地复垦；五是制水泥；六是制陶粒；七是制砖。

坑塘-31：淤泥农田利用技术[22]

(a) (b)

图 6-1 淤泥农田利用
(a)丘陵农田；(b)平原农田

坑塘河道淤泥含有丰富的有机肥成分，把它存放在农田里既可以改善土壤结构，又可以浇灌小麦等农作物来保持田间墒情（土壤含水状况），还可以抑制田间杂草的生长。施用污泥可以增加土壤内有机质的含量和氮、磷、钾等营养元素的含量，还能促进土壤团粒结构的形成，使土壤松软，增加土壤的透气性、透水性，从而改善土壤的理化性状。据郭媚兰、陆文龙等研究表明，在连续施用污泥或污泥堆肥以及垃圾堆肥的土壤中，有机质含量及土壤营养元素都有明显的增加；另外，土壤的容重减少，毛管水、田间持水量及饱和水含量也有显著增加。索普等研究还表明，施用污泥还可促进土壤中有益微生物的活动，加速土壤中的物质循环和腐殖质的形成，细菌和真菌数分别增加到$(4\sim63)\times10^6$个/g和$(4\sim18)\times10^5$个/g，分别比不施用污泥的高5～10倍和3～4倍，放线菌也增加到$(1.18\sim140.23)\times10^4$个/g。另外，有机质中含有丰富的腐殖质成分，它具有吸附养分的功能而减少肥料的流失，提高肥料的有效利用。特别是土壤质地黏重、肥力较低的中低产品，通过施用有机肥料培肥改土的效果非常显著。

坑塘-32：淤泥植树造林技术

(a)　　　　　　　　　　　　(b)

图6-2　淤泥植树造林

(a)坑塘岸边树林；(b)山上竹林

由于森林环境的强大影响，林地荒山往往比农田更缺乏养料，坑塘河道淤泥中除含有丰富的氮、磷、钾外，还含有大量的有机质，既能迅速地供肥，又能持久的供肥，在林地上施用可快速而持久地恢复植被，同时还能改良土壤的理化性质，从而保证林木的健壮、速生和高产，以达到森林绿化和防治水土流失的目的。林地一般远离人口密集区，坑塘河道淤泥在林地上的施用不会威胁人类食物链，是安全的。在新西兰、美国和澳大利亚等国家将流体污泥直接喷施到林地，方法简单有效。

林地对污泥的要求比其他农业施用要低一些，适用于长期进行林业生产的地区，并要求其土地保证不转为农田。污泥用于造林或成林施肥，不会威胁人类食物链，林地处理场所又远离人口密集区，所以很安全。美国森林覆盖率约40%，许多地方将污泥直接运至林地施用。美国在20世纪60年代初就有过这方面的研究，且取得令人满意的效果；施用1年后，树木在树高和胸径的生长随使用量的增加而增加。地下水硝态氮的含量可能超过地下水水质标准，但可通过少量多次施用的方式解决。张天红对长安县南五台林场施用污泥进行研究并得出：施用污泥1年后，明显促进树木的生长，土壤的理化性能得到改善，土层中硝态氮含量随着土层深度增加而减少，而且未对地下水造成污染。

坑塘-33：淤泥园林绿化技术[23,24]

(a) (b)

图 6-3　淤泥园林绿化
(a)花卉；(b)观赏性植物

干污泥和污泥堆肥用于绿化及观赏性植物，既脱离食物链，减少运输费用，节约化肥，又可明显促进树木、花卉及草坪的生长，树木的地径、根茎比等增加；可使花卉的生长量明显增加，开花量增加，花色艳丽，花期延长；还可使草坪生物量增加，绿色期延长，但应控制施用量。用于树木及花卉，用量以 $30\sim90t/hm^2$（吨/公顷）为宜；对于草坪，施用量应以 $30\sim120t/hm^2$ 为宜，否则可能导致草坪的过度生长。施用污泥可明显改善土壤理化性质。施用一个生长季节后，土壤表层存留的氮、磷、钾、有机质、阳离子交换量等均随污泥堆肥施用量的增加而增大，土壤容重下降，硝酸盐不会污染地下水，主要有机污染物（六六六、滴滴涕、苯系物、洗涤剂等）不会对周围环境产生明显不良危害，但重金属对植物可能造成一定的危害。

坑塘-34：淤泥土地复垦技术

土地复垦是指对在生产建设过程中，因挖损、塌陷、压占等原因造成的土地破坏，采取整治措施，使其恢复到可供利用状态的活动。广义定义是指对被破坏或退化土地的再生利用及其生态系统恢复的综合性技术过程；狭义定义是专指对工矿业用地的再生利用和生态系统的恢复。为此，村庄可以结合坑塘河道清淤，把淤泥用于填埋废沟塘、沼泽地、被占用或破坏的土地等。

土地复垦范围主要包括：①由于露天采矿、取土、挖砂、采石等生产建设活动直接对地表造成破坏的土地；②由于地下开采等生产活动中引起地表下沉塌陷的土地；③工矿企业的排土场、尾矿场、电厂储灰场、钢厂灰渣、城镇垃圾等压占的土地；④工业排污造成对土壤的污染地；⑤废弃的水利工程，因改线等原因废弃的各种道路（包括铁路、公路）路基、建筑搬迁等毁坏而遗弃的土地；⑥其他荒芜废弃地。

《土地复垦规定》于1988年10月21日由国务院第二十二次常务会议通过，1988年11月8日发布，自1989年1月1日起施行，是《土地管理法》的实施配套法规，共26条。主要内容有：

（1）土地复垦的原则

土地复垦实行"谁破坏，谁复垦"的原则。用地单位和个人承担土地复垦义务，土地复垦费用可列入基本建设投资或生产成本。同时，土地复垦还采取"谁复垦，谁受益"的政策，复垦土地者可优先取得土地使用权。没有条件复垦或者复垦不符合要求的，应当缴纳土地复垦费。复垦的土地应当优先用于农业，宜农则农、宜林则林、宜渔则渔、宜建则建，尽量将破坏的土地恢复利用。

（2）土地复垦的规划与实施

土地复垦规划是土地利用总体规划的组成部分，由相关行业管理部门负责制定和实施。它的基本任务是，根据经济合理的原则、自然条件、土地破坏状况，确定复垦的方法、措施以及复垦后土地的用途。土地复垦后的用途，应在制定复垦规划时予以确定。在实施复垦时，应当充分利用邻近企业的废弃物充填挖损区、塌陷区和地下采空区。

  国家关于土地复垦的法规规定：对利用废弃物进行土地复垦和在指定的土地复垦区倾倒废弃物的，拥有废弃物的一方和拥有土地复垦区的一方均不得向对方收取费用。但是，利用废弃物作为土地复垦充填物的，不能给土地和环境造成新的污染。土地复垦标准由土地管理部门会同有关行业管理部门确定。一般有三类不同的复垦标准：接近破坏前的自然适宜性和土地生产力水平；通过复垦改造为具有新适宜性的另一种土地资源；恢复植被、保护其环境功能。复垦后的土地，要经由县级以上地方人民政府土地管理部门会同有关行业部门进行验收，达到复垦标准的，才可以交付使用。

  （3）土地复垦后的土地权益和收益分配的规定

  企业在生产建设过程中所破坏的集体所有的土地，其权属不能恢复原用途或者复垦后需要用于国家建设的，由国家征用；经复垦不能恢复原用途，但原集体经济愿意保留的，可以不实行国家征用；经复垦可以恢复原用途，但国家建设不需要的，不实行国家征用。

  企业在生产建设过程中所破坏的国有土地或者国家征用的土地，由企业自有资金或者贷款进行复垦的，复垦后归企业使用；企业采用承包或集资方式复垦的，复垦后的土地使用权和收益分配，依照承包合同或者集资协议约定的期限和条件确定；因国家生产建设需要提前收回的，企业应对承包合同或者集资协议的另一方当事人支付适当的补偿费。根据规划设计企业不需要使用的土地或者未经当地土地行政主管部门同意，复垦后连续两年以上不使用的土地，则由当地县级以上人民政府统筹安排使用。

  生产建设过程中破坏的国家征用土地，经复垦后如土地权属依法变更的，必须依照国家有关规定办理过户登记手续。

坑塘-35：淤泥制水泥技术

  将淤泥作为水泥生产原料和燃料的替代物是可行的。生产工艺产生的污染物排放应符合国家有关的环境保护的规定和要求，焚烧的产物可以通过水泥窑进行最终的处置，水泥窑对淤泥的处理能做到"无害化、减量化、资源化"，这将为淤泥问题提供很好的解决途径。

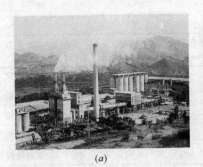

图 6-4　淤泥制造水泥
(a)水泥厂；(b)成品水泥

坑塘-36：淤泥制陶粒技术[19]

图 6-5　淤泥制造陶粒
(a)窑炉；(b)陶粒

1. 淤泥陶粒的主要性能

多数淤泥经科学处理和最佳配合比，既可生产超轻陶粒，也可生产普通陶粒或高强陶粒，产品性能均能达到并优于国家标准《轻集料及其试验方法》(GB/T 17431—1998)中的要求。国内外部分淤泥陶粒的主要性能，见表 6-4。

淤泥陶粒的主要性能　　　　表 6-4

淤泥陶粒产地	颗粒粒径 (μm)	堆积密度 (kg/m^3)	筒压强度 (MPa)	吸水率 (%)	陶粒类型 (国标)
广州华穗轻质陶粒制品厂①	5～20	－400	1.30	13	超轻陶粒
奥地利安道夫陶粒厂②	4～16	－350	1.00	10.0	超轻陶粒

续表

淤泥陶粒产地		颗粒粒径（μm）	堆积密度（kg/m³）	筒压强度（MPa）	吸水率（%）	陶粒类型（国标）
挪威博尔高陶粒厂③		4～16	－450	1.50	10.0	超轻陶粒
上海苏州河④	实验室试验	5～20	608	3.96	7.90	普通陶粒
	试生产1号配方	5～20	662	3.40	7.20	普通陶粒
	试生产2号配方	5～20	735	3.25	7.20	普通陶粒
	试生产3号配方	5～20	800	4.41	7.0	普通陶粒
武汉东湖⑤	试生产1号配方	5～20	537	4.80	7.2	高强陶粒
	试生产2号配方	5～20	642	6.40	5.7	高强陶粒
	试生产3号配方	5～20	756	8.10	4.6	高强陶粒

注：引自范锦忠．2007(12)。
① 淤泥经露天日晒干燥后陈化、配料、搅拌处理，窑内制粒，入窑焙烧前淤泥含水率32%～36%；
② 淤泥经湿法分选、浓缩、陈化、配料、搅拌处理，窑内制粒，入窑焙烧前淤泥含水率40%～45%；
③ 淤泥经陈化、配料、搅拌处理，窑内制粒，入窑焙烧前淤泥含水率45%～50%；
④ 淤泥经露天日晒干燥重复处理后含水率<25%，经陈化、配料、搅拌、对辊机制粒、辊筒筛处理后入窑焙烧，其中淤泥来源于上海苏州河浙江路桥上中层淤泥；
⑤ 淤泥经沉积、日晒干燥重复处理后陈化、配料、粉煤灰和外加剂，混合料含水率<25%，再经搅拌、挤出机制粒、辊筒筛处理后入窑焙烧，其中淤泥来源于武汉东湖泊淤泥。

2. 淤泥生产陶粒的关键生产技术

利用淤泥生产陶粒的关键技术主要有淤泥脱砂处理、淤泥陈化（均化）、淤泥干燥和制粒、最佳配合比和正常生产膨胀温度范围等。

(1) 淤泥脱砂处理

含砂量过高的淤泥应进行淤泥脱砂处理，以有效降低含砂量。目前较好的处理方法主要有：

1) 湿法分选和浓缩处理——适用于含砂量过高的淤泥。即将淤泥拌成泥砂浆（含水率75%～85%），经筛网（筛网孔径40μm）分选，网上的砂子经清洗后可用于普通混凝土建筑工程，网下的泥浆经离心浓缩机处理后，淤泥的含水率为40%～45%，溢流出的泥水重复使用。

2) 重复浓缩处理——如淤泥的含砂量偏高、砂粒较粗，可直接将淤泥拌成泥砂浆(含水率70%～80%),经离心浓缩机处理后,机下为砂子,溢流出的泥浆再经离心浓缩机处理,淤泥的含水率为38%～43%,溢流出的泥水重复使用。

(2) 淤泥陈化(均化)

由于各地河流、湖泊、水库、鱼塘等各段和上、中、下层淤泥的成分差别较大,必须对挖出的淤泥进行陈化处理。根据国内外实际生产经验,采用高位陈化库处理,既能提高陈化效率,又可减少陈化库建筑面积,陈化期不应少于7d,最佳陈化期为15～30d。

(3) 淤泥干燥和制粒

淤泥含水率高、塑性较好,不适用于高温气体干燥,目前有效的干燥和制粒方法主要有:

1) 方法一:适用于窑内制粒大规模(年产量≥10万 m^3)黏土陶粒生产线,既有效利用了窑内尾气的余热,又免去了窑外制粒的电能消耗,节能效果显著。即将挖出的淤泥(含水率55%～65%)直接送入高位陈化库堆放,至少陈化30d,淤泥的含水率可降至45%～50%,配料并搅拌后直接送入双筒回转窑内干燥、制粒、预热、焙烧。

2) 方法二:适用于窑内制粒大规模黏土陶粒生产线,既降低了入窑混合料的含水率而降低热耗,又高效利用了窑内尾气余热,并免去了窑外制粒的电能消耗,节能效果更好。即将挖出的淤泥在露天堆成土丘,经3～7d日晒后送入高位陈化库堆放,陈化15～30d,淤泥含水率可降至32%～36%,配料和搅拌后直接送入双筒回转窑内干燥、制粒、预热、焙烧。

3) 方法三:适用于中小规模(年产量≤5万 m^3)黏土陶粒生产线。虽然此法的入窑料球含水率较低而减少热耗,但重复堆放和窑外制粒的能耗较高,而且在梅雨季节因淤泥无法达到干燥要求而被迫停产。即将挖出的淤泥在露天堆成土丘,经3～5d日晒后重复堆放,共重复日晒、堆放5～6次(与天气相关)后送入淤泥库陈化至少7d,淤泥的含水率可降至25%以下,经配料、搅拌,采用窑外制粒(对辊制粒机或挤出制粒机等)、辊筒筛处理后直接送入双筒回转窑内干燥、预热、焙烧。

4) 方法四：适用于中型规模(年产量5～10万 m³)黏土陶粒生产线。虽然此法的入窑料球含水率较低而减少热耗，可以不受气候影响，但辅助原料的干粉处理和窑外制粒的能耗很高，生产成本较高。即将挖出的淤泥直接送入高位陈化库至少堆放7d，配料时掺入较多(30%～50%)干粉状辅助原料(粉煤灰、煤矸石、页岩等)和少量外加剂，搅拌后混合料的含水率低于25%，采用窑外制粒(对辊制粒机或挤出制粒机)、辊筒筛处理后直接送入窑内干燥、预热、焙烧。

(4) 最佳配合比和正常生产膨胀温度范围

由于各地上、中、下层淤泥的成分差别较大，陶粒高温膨胀性能和正常生产膨胀温度范围也有较大差别，为确保产品质量和高效、稳定生产，必须对每批生产用淤泥进行实验室配合比和焙烧试验，以确定每批生产用淤泥的最佳配合比和热工焙烧制度(干燥、预热、焙烧温度和时间)。为防止生产淤泥陶粒时在窑内出现结块、结窑问题，在确定最佳配合比时，正常生产膨胀温度范围必须要符合国内外公认的基本要求，这才能确保淤泥陶粒生产线正常运转。

1) 采用烟煤粉为燃料，正常生产膨胀温度范围大于或等于70℃；

2) 采用重油、天然气、煤气为燃料，正常生产膨胀温度范围大于或等于40℃。

3. 淤泥生产陶粒的经济社会效益

由于国内外各地的淤泥多数免费使用，政府还提供较多优惠政策，因此，多数淤泥陶粒厂的经济效益很好。据统计报道，挪威博尔高陶粒厂于1973年建成投产，利用当地湖泊淤泥生产堆积密度为450kg/m³的超轻陶粒，2000年的生产成本(折合人民币)约190元/m³，销售价格约290元/m³。奥地利安道夫陶粒厂于1974年建成投产，利用当地河流淤泥(含砂量高)生产堆积密度约350kg/m³的超轻陶粒，2000年的生产成本(折合人民币)约200元/m³，销售价格约280元/m³。广州华穗轻质陶粒制品厂于1988年建成投产，2002年起利用当地东江淤泥生产堆积密度为400kg/m³的超轻陶粒，目前的生产成本约100元/m³，销售价格约160元/m³，而且享受增值税、所得税等免税优惠政策,产销两旺,产品供不应求。

坑塘-37:淤泥制砖技术[20]

(a) (b)

图 6-6 淤泥制砖
(a)砖窑;(b)半成品和成品砖

1. 淤泥烧结多孔砖的性能

采用淤泥取代黏土生产烧结多孔砖,其各项指标均符合《烧结多孔砖》(GB 13544—2000)中的要求,见表 6-5。当然,不同地区的淤泥中重金属离子种类及含量可能有所不同,但焙烧工艺有利于固结淤泥中的重金属离子,淤泥烧结多孔砖的重金属离子含量比淤泥中的要低。

淤泥烧结多孔砖的各项物理力学性能 表 6-5

检验项目	产品标准	检验结果
抗压强度(平均值,MPa)	≥15.0	23.5
抗压强度(标准值,MPa)	≥10.0	19.4
泛霜性能	无严重泛霜	轻微泛霜
石灰爆裂	见 GB 13544—2000	符合
孔洞率(%)	≥25	31
饱和系数(平均值)	≤0.88	0.85
饱和系数(单块最大值)	≤0.90	0.85
5h煮沸吸水率(平均值,%)	≤23	17
5h煮沸吸水率(单块最大值,%)	≤25	18

注:引自王君若等.2007(8)。

2. 淤泥烧结多孔砖的关键生产技术

(1) 淤泥的干燥工艺

从坑塘河道中直接挖出的淤泥含水率太高，无法满足生产应用要求，需进行干燥处理，使其含水率达到 20%～30%。干燥处理工艺原则应遵循实用性、经济性。在欧洲发达国家，自然干燥已基本淘汰，但在我国因为劳动力多，自然干燥仍占主导位置。

淤泥的自然干燥工艺可简单地概括为"晒"、"翻"、"晾"、"陈"、"储"五步。正常气温下干晒 3～4d，夏季高温时干晒 1～2d，并用推土机推其上层 3～5cm 厚的淤泥进行定期翻动，可确保不同层的淤泥都能干燥到生产需要的 20%～30% 含水率。在夏季生产中，如果原料场的淤泥外层与里层的熟化程度和水分含量存在差异，必要时经人工补水后，需用推土机反复推动搅拌。在推动搅拌时对翻过来的淤泥进行边洒水边推动搅拌，直至水分均匀为止。为了确保雨期或冬季正常生产，在料场设有一定贮量的料棚，雨季到来前做好物料贮存，以备阴雨天气因原料无法开采而影响正常生产。通常，贮存淤泥的含水率控制较小，制备大量的干淤泥原料。

(2) 混合料及配合比

1) 原材料：主要包括淤泥、炉渣、调整剂等。淤泥必须预先进行陈化、水干燥处理。调整剂是为了提高烧结多孔砖的抗裂性、尺寸稳定性而研制的一种干粉添加剂，在砖坯中掺量为 0%～2%。炉渣是煤厂的底渣，在生产应用中，将其粉碎成一定细度的粉料，粒径为 1～2mm。

2) 配合比：混合料的配合比是决定坯体成型强度的关键工序。必须按照成型工艺的要求，将炉渣与淤泥进行均匀混合、搅拌、捏练，以提高混合料单位体积的密实度。

合理的掺配量通过试验测定，采用淤泥 100% 替代黏土烧结多孔砖，生产配合比范围为：淤泥 30%～50%，淤泥干粉 20%～40%，炉渣 20%～30%，调整剂 0%～2%。其中，淤泥及其干粉的比例应根据天气条件、淤泥的含水率而调整。如果遇到潮湿天气，需添加淤泥干粉，用来调整含水率。

(3) 生产工艺及控制技术

烧结多孔砖的生产工艺流程主要包括原料制备成型、干燥和焙烧。根据目前国内烧结多孔砖工艺设备的发展现状与趋势，并结合上海金山区新塔砖瓦厂的生产条件，确定生产工艺及控制技术如下：

1）原料制备工艺：淤泥采挖后进行陈化、均化处理，除杂后送至箱式给料机，炉渣直接由装载机送入箱式给料机，由箱式给料机按比例配料，再由胶带输送机均匀地投入到细碎对轴粉碎机粉碎，混合后的原料由胶带输送机送入强力双轴搅拌机搅拌，同时由胶带输送机将一定比例的淤泥干粉与调整剂均匀地投入强力双轴搅拌机搅拌，使混合料含水率达到18%～22%。由于原料的可塑性指数较低，提高泥料的塑性就成为砖坯成型的关键。多孔砖的成型阻力比实心砖大，从内燃料方面讲，如果内燃料粒度粗、掺量大，势必增加泥缸的阻力，造成泥缸发热、泥条发酥、开裂。因此，内燃料必须经过粉碎与筛选，其最大粒度控制在2mm以下。如果是掺入低塑性原料中，则应控制在1.5mm以下，否则难以成型，即使勉强成型，成品质量也难以保证。内燃料的掺配，是保证烧结多孔砖质量重要的一环，因此，应力求掺量准确和掺配均匀，这与保证产品质量和节能降耗有密切的关系。必须从保证原料的细度、陈化处理、强力搅拌等方面采取措施，以提高混合泥料的塑性。

2）成型工艺：不同含水率的淤泥原料混合使用，调节塑性，确定最佳配比；添加炉渣粉作为内燃料，并优化粒径参数，改善原料颗粒级配；控制最佳成型水分，既能保证顺利挤出和挤出产量，又能保证湿坯强度并方便干燥操作；提高成型真空度，减少坯体气孔，增加结合性；采用大功率挤出成型设备，增大坯体密度，提高产量和质量。采取上述措施后，可使成型的坯体密度大、强度高、规整度好、不变形、表面光滑抗裂性强。

在成型过程中，用铲斗车将淤泥铲到皮带机，送入箱式给料机，由箱式给料机定量喂入双轴搅拌机进行搅拌混合，再根据淤泥的实际水分，使混合料的水分达到18%～22%成型水分的要求。从搅拌机出来的混合料经皮带机喂入细碎对轴粉碎机进行细碎和碾练。进入生产线的物料由箱式给料机定量喂入圆盘筛式给料机中，物料在这里进一步混合和揉练，水分不足时可以加水调节。从圆盘筛式给料机出来的泥料经由皮带机喂入真空挤出机中。挤出机由三部分组成，前部是搅拌机构，中部是真空排气机构，后部是挤出机构。真空排气机构的真空度可达 95% 以上，挤出机的挤出压力在 40 个大气压以上。物料先经搅拌揉练，再经真空排气处理，最后呈线条状被挤出。挤出坯条经自动切条机、换向编组系统，由板式自动切坯机切割成所需尺寸的砖坯，切割过程中的废泥条经带式输送机重新返回细碎对轴粉碎机中。

在成型时，物料的含水率是确保制品外观质量和成品率的必要条件。当淤泥和调整剂的掺合比例确定之后，它们所形成的混合料含水率的大小直接影响到砖坯的成型和质量。如果成型水分过低时，挤压不易密实，初坯难以压制成型，制品容易产生裂缝，导致成品缺棱、掉角现象严重，并且成品砖强度很低；相反，若成型水分过高，则成型压力要求较低，会导致半成品黏模、变形，砖的初坯强度降低，成品砖强度也低。因此，湿坯必须具有一定的强度，从而保证自然干燥码架和人工干燥手工码车时，湿坯不变形，无手指印。影响物料含水率的因素很多，季节的天气变化是其中影响因素之一。因此，应根据天气变化及时测定其中各组分的含水率，以便及时作出调整。坯体的成型含水率误差不能太大，应保持在 $\pm 1\%$ 之内。

3) 干燥工艺：干燥工艺要求既要速度快，缩短干燥周期，提高坯场利用率，又要确保坯体质量好，保证坯体干而不变形、不开裂。在自然干燥过程中，这两项要求往往产生矛盾，干燥过快则易出现裂纹，要砖坯质量好则需干燥速度慢。要达到既快又好，必须采取有效的措施改善坯体的技术性能。采用塑性高的淤泥作原料，适量掺配炉渣粉以及研制的调整剂，将其干燥敏感性系数降至 0.8 以下。在不影响挤出功率的前提下，尽量降低坯体的成型水分，以加快干燥。增加空气与坯体表面的接触面积。

干燥工序是决定多孔砖成品率高低的一个重要因素。多孔砖砖坯由于有孔洞，表面积较大，干燥过程中蒸发面积增加，干燥速度较快，但有时也容易产生砖坯外露表面水分蒸发快、内部水分蒸发慢的现象，造成砖坯表面开裂。当砖坯含水率达到临界点之后，坯体收缩基本停止，此时，可以加速干燥。多孔砖干燥时，要加强坯场管理，建立干燥管理制度，以减少或避免因质量缺陷而造成的损失。

4）焙烧工艺：干坯进入轮窑后分三个阶段进行焙烧，包括预热段、燃烧段和冷却段。燃烧段温度控制在 $1000 \sim 1100$℃，整个焙烧过程需要 $24 \sim 36h$。选择合适的码窑形式是烧好多孔砖的重要条件。码窑形式决定着窑内气体流动的好坏。焙烧是烧成阶段的重要过程，是决定砖的强度、吸水率、色泽及其均匀程度和耐久性的关键工序。温度控制是影响产品质量的重要过程。温度控制不好，会出现欠火砖或过火砖，不仅影响多孔砖的强度，而且影响其外观颜色和尺寸。合理的焙烧制度应能充分利用焙烧设备的优点，并能严格控制窑断面温差。焙烧操作要勤添少加，多观察，勤调节，充分利用热能，减少热损失。

7 坑塘河道安全防护与管理

7.1 坑塘河道日常安全防护

坑塘-38：坑塘河道日常安全防护

(1) 有危险和存在安全隐患的坑塘河道应实施安全防护整治。坑塘河道的安全防护应根据水深采用不同措施，保障村民生命安全。安全措施包括设置护栏、设置警示标志牌、改造边坡、降低水深、拓宽及平整岸边道路等措施，并应符合下列规定：

① 坑塘河道水深不超过0.8m，基本无危险；超过1.2m的，在发生危险时自救比较容易；但对于拦洪、泄洪沟渠，由于突发性强、流速快，即使水深不足0.8m也很危险。因此，应在显著位置设置固定的警示标志牌。水深超过1.2m的水体除设置警示标志牌以外，还应采取安全措施。

② 坑塘河道宜减少直立式护坡，采用缓坡形式边坡，水体边坡应根据生产取水和生活用水需要，结合护坡建材的稳定边坡设置：一般土质的不小于1:2，松散砂质的应不小于1:2.5，粉类土质的应不小于1:3。

③ 人群相对集中的临水地段，应采取较高标准的安全护栏防范措施：护栏最低控制高度可按照现行行业标准《公园设计规范》(CJJ 48)确定，不应低于1.05m。栏条净间距按防护小孩要求控制，不应大于12cm。人员稀少的临水地段，则可采取控制水边通道最低宽度的一般防范措施，减少投资。水边通道最低宽度按保证两人对向交会时的安全要求控制，不应小于1.2m。

(2) 坑塘河道内堆放垃圾、建筑渣土，会严重影响水体容量，污染水质。村庄垃圾、建筑渣土应结合环卫整治要求统一处理。严禁在坑塘河道内倾倒垃圾、建筑渣土。

（3）建立和宣传管护制度，以村规民约的形式家喻户晓，全员有责。落实经费，对坑塘河道实施维护管理，定期清淤保洁，保障整治效果。

（4）将绿化任务分给沿河住户，建设时省钱有特色，管理时上心自家事，评奖时热衷好名声，认养时管理有钱来周转。

（5）特别要强调儿童、老人的监护人的责任。

（6）坑塘河道应符合下列规定：具备补水和排水条件，满足水体利用要求；水体容量、水深、控制水位及水质标准应符合相关使用功能。不同功能的坑塘河道对水体的控制标准可按表7-1确定。

不同功能坑塘河道水体控制标准　　　　　　表7-1

坑塘功能	最小水面面积（m²）	河道宽度(m)	适宜水深(m)	水质类别
旱涝调节坑塘	50000	—	1.0～2.0	Ⅴ
渔业养殖坑塘	600～700	—	>1.5	Ⅲ
农作物种植塘	600～700	—	1.0	Ⅴ
杂用水坑塘	1000～2000	—	0.5～1.0	Ⅳ
水景观坑塘	500～1000	—	>0.2	Ⅴ
污水处理坑塘(厌氧)	600～1200	—	2.5～5.0	—
污水处理坑塘(好氧)	1500～3000	—	1.0～1.5	—
行洪河道	—	≮自然河道宽度	—	—
生活饮用水河道	—	≮自然河道宽度	>1.0	Ⅱ～Ⅲ
工业取水河道	—	≮自然河道宽度	>1.0	Ⅳ
农业取水河道	—	≮自然河道宽度	>1.0	Ⅴ
水景观河道	—	≮自然河道宽度	>0.2	Ⅴ

7.2　坑塘河道保洁管理[❶]

坑塘-39：坑塘河道保洁管理

坑塘河道保洁主要是对水葫芦等水上漂浮物进行清理，以恢复

---

❶　本小节内容的编写主要参考了郑月芳编著的《河道管理》。

行洪、排涝、蓄水、供水、景观等功能的措施。其中水上漂浮物大致可分为三大类：一是水葫芦、水草、蓝藻等水生植物；二是生活垃圾，如泡沫、塑料、皮革布料、废纸、动物尸体、玻璃、金属；三是树木和农作物秸秆，如原木、树枝、秸秆、灌木。

7.2.1 保洁作业方式

坑塘河道的保洁作业方式较多，主要有四种：
(1) 水面（巡回）人工打捞作业；
(2) 水面机械保洁作业；
(3) 岸边（巡回）人工打捞作业；
(4) 拦截漂浮物打捞作业。

每一种作业方式都有不同的作业工艺，适用于不同的坑塘河道及其不同的季节。在实际操作中，宜根据不同情况选用不同的作业方式和作业工艺。

7.2.2 保洁管理制度

(1) 定期对坑塘河道水面进行清理，严格控制水葫芦、水草的生长。保持坑塘河道"水清、岸绿、流畅、景美"，确保清洁卫生。

(2) 努力做好水土保持，确保农业灌溉用水及抗洪排涝畅通。

(3) 宣传教育全体村民树立良好的生态、环境意识，养成良好的卫生习惯，共同维护坑塘河道整洁，做好护坡绿化养护工作。

(4) 严禁村民向坑塘河道乱倒垃圾、污水、粪便或者动物尸体，对不听劝告，擅自将垃圾或有害、有毒物品直接倒入、排放在坑塘河道，应及时联系上级有关部门，做出相应的处理。

(5) 设立专职坑塘河道保洁员，负责水面和护坡的日常清理，以及对水葫芦和其他杂物进行相关处理，督促村民自觉遵守保洁制度。

7.2.3 水葫芦的防治

目前，水葫芦防治技术主要分为四种：一是人工及机械打捞；二是化学防治；三是生物防治；四是综合利用。

(1) 人工及机械打捞

人工及机械打捞就是用船只和人工进行打捞，是目前比较有效且各地正在采用的办法，其特点是安全见效快，但劳动强度大，需要下大决心、花大力气来进行。例如：利用冬季农闲时节，对坑塘河道的水葫芦采取人工及机械打捞为主的办法，进行全面彻底打捞、处理，在春季前使各水域的水葫芦得到清除，春季后进入保洁阶段，由保洁工长期巡查，发现有水葫芦立即清理。

(2) 化学防治

化学防治就是利用草甘膦、农达等化学除草剂来控制水葫芦，特点是使用方便、效果迅速。化学除草剂可有效杀死水葫芦。如果杀死的水葫芦不进行打捞，则会对水体造成二次污染。另外，除草剂无法清除水葫芦种子，效果不能持久。

(3) 生物防治

生物防治就是用昆虫治理水葫芦。目前，国际上大多是以引进象甲虫等昆虫，利用食物链原理对水葫芦实施生物防治。特别需要指出的是对原来没有象甲虫的生态系统来说，引进新的物种有可能导致生态灾难，所以，在采用生物防治前应进行充分论证。

(4) 综合利用

对水葫芦的治理和利用国内专家一直存在争议。有的专家认为水葫芦存在不少经济价值，例如可净化水质、可作为饲料和肥料。

从水葫芦泛滥的原因来看，防止水葫芦泛滥，要从净化水质、生物防治、生物转化等多方面入手。水质恶化是水葫芦泛滥的重要原因。因此，在人工及机械打捞、生物防治、生物转化研究的基础上，今后应将治理水污染，减少水体富营养化程度，作为遏制水葫芦泛滥的重要措施。

8 坑塘河道综合改造案例

8.1 广东云浮市古宠村坑塘改造工程

8.1.1 古宠村简介

古宠村是云浮市云城区安塘街下辖的一个村委会，辖 6 个自然村，农户 512 户，人口 1930 人。全村总面积 6.5km²，其中耕地 1250 亩，山林 4060 亩。2007 年，村集体经济纯收入 4.5 万元，农民人均纯收入 5716 元。近年来，古宠村委会先后被省、市、区、镇评为"社会治安综合治理先进单位"、"生态文明村"，见图 8-1。古宠村充分发挥地利优势，创办了一公里长的古宠石材走廊，引进了 50 多家石材企业，带动了农村富余劳动力就业，全村经济建设取得新突破。此外，古宠村农民更新观念，大力发展城郊型农业，重点是发展优质沙糖桔。目前，全村共种植沙糖桔 1300 多亩，种植大户有 80 多户。古宠村积极开展农村合作医疗工作。2008 年，参加农村合作医疗共 1930 人，占该村应参加总人口的 100%。古

图 8-1 古宠村村貌
(a) 文化广场；(b) 休闲广场

宠村于2006年4月开展实施"活力民主,阳光服务"工程试点工作,选举产生了会议召集组、监督组和发展组。三个小组在促进民主决策、民主监督、经济发展,建立和谐的村治模式方面发挥了积极的作用。

8.1.2 治污概况

古宠村按照"两分两化"(雨污分流、人畜分离;垃圾、污水处理无害化,绿化美化)的原则进行生态文明村建设,实现了雨污分流、人畜分离、垃圾集中处理、污水集中处理、村道硬底化、环境绿化美化,村容村貌焕然一新。村庄坑塘水质改善工程主要由旧池塘改造而成。

8.1.3 工艺流程(见图8-2)

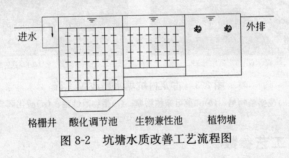

图8-2 坑塘水质改善工艺流程图

(1)格栅井:主要起到去除污水中较大悬浮物的作用,确保后续工艺顺利进行。

(2)酸化调节池(见图8-3):主要起调节水质、水量作用。另外,在池内吊挂半软性填料,厌氧反应将许多有机物转化为小分子,去除部分COD(化学需氧量),并提高污水的可生化性。

(3)生物兼性池(见图8-3):主要去除BOD_5(生化需氧量)、COD。另外,在池内吊挂高效组合半软性填料,以提高水中微生物的浓度。

(4)植物塘(见图8-3):生物兼性池出水流入植物塘。塘内可形成菌藻、水生植物、浮游生物及鱼、虾等多级生物链;在这种以生物链为基础的生态体系中,污水得到较为彻底的净化。

图 8-3 古宠村坑塘水质改善工程
(a)茂盛植物塘；(b)和蔼可亲植物塘；(c)生物兼性池；(d)酸化调节池

8.1.4 工艺参数

1. 水量水质设计

（1）设计水量：160m³/d。

（2）设计进水水质：

BOD_5：100～200mg/L；

COD：200～400mg/L；

SS：100～150mg/L。

2. 主要构筑物及工艺参数

（1）格栅井：1.5m×1.5m；

（2）酸化调节池：5.0m×5.0m；

（3）生物兼性池：30.0m×3.0m×1.0m；

（4）植物塘：15.0m×15.0m×2.5m；

(5) 总水力停留时间：84.0h。

8.1.5 主要技术

该工程案例主要采用了截污技术和水生植物净化技术等。

8.1.6 处理效果

从水质监测报告可知，古宠村水质改善工程运行良好，出水优于广东省《水污染物排放限值》(DB 44/46—2001)第一时段一级标准，见表 8-1。

古宠村坑塘水质监测　　　　　　表 8-1

水质指标	指标单位	监测日期 2007.09.05 进水	监测日期 2007.09.05 出水	监测日期 2007.09.13 进水	监测日期 2007.09.13 出水	广东省《水污染物排放限值》第一时段一级标准
pH		8.87	7.91	8.87	7.88	6～9
SS	mg/L	107	51	107	55	70(20)
COD	mg/L	350	49	182	43	100(40)
NH_3-N	mg/L	14.30	1.99	14.30	4.89	10
TP	mg/L	2.33	0.47	1.36	0.42	0.5
挥发酚	mg/L	0.048	未检测出	0.048	未检测出	0.3
油类	mg/L	13.5	0.4	11.5	0.5	5

注：数据来源于云浮市环境监测站提供的水质监测报告，其编号分别为(云)环境监测(2007)第 A0903 号和(云)环境监测(2007)第 A0904 号。

8.1.7 建设维护

古宠村坑塘水质改善工程单位投资约为 350 元/m^3。运行费用约为 0.1 元/m^3，主要用于清理淤泥、水生植物等日常管理费用。

8.1.8 案例小结

该技术适用于具有土壤渗透率小的池塘、废弃坑洼或荒地的村庄。这不仅解决了村内污水的处理，而且还保障了村内坑塘的水质。水质改善采用了无动力、能耗低的"生物(厌氧+兼性)+生态"工艺,主要应用了截污控制、传统护岸、水生植物净化、淤泥利用、坑塘保洁等技术。它具有投资运行成本低、处理效果好、景观效果好、维护管理简单等特点。

8.2 山东泰山南麓某城边村坑塘河道改造工程

8.2.1 水系现状

泰山南麓某城边村的原河道是由汇集山洪冲刷而成。但是,近几年村庄的建设严重挤占河道,水面缩窄,地面硬化,平时垃圾污水堵塞,汛期行洪能力降低,生态修复能力下降。河道存在的问题可概括为"挤窄"、"冲损"、"淤积"、"污臭"、"隔绝"。虽然水库的水深达4m,但其底部的臭泥厚度高达3m,见图8-4。

图 8-4 泰山南麓某城边村改造前坑塘(水库)河道
(a)坑塘(水库)整治前;(b)坑塘(水库)周边房地产;(c)东北河整治前;(d)西北河整治前

8.2.2 改造方案

当地政府同意某地产开发项目可将原村庄边的水库库容变成原来的 1/4，且要求水面控制在 17000m² 以上。这使得原本就不满足防洪标准的小水库成为危库。即使出现低于防洪标准的洪水，该地产项目大半个南部、周围两个村庄及贯穿南边的下游市区也要遭受洪水灾害。

为此，提出沉沙蓄清排浑的改造方案。即将原来位于该商业地产西北角和东北角穿过村庄流来的两条排洪沟来水，通过埋设在沼泽地里的排洪管，经过原旧干渠下的涵洞和新建的斜穿过水库的排洪管进入下游原河道，能把对水库200～300年一遇的校核洪水要求转变成为对聚居区域河道50～100年一遇的校核洪水要求，这可消除洪水危害。为解决改造后水库灌溉用水和商业地产景观、消防用水，还提出利用河道附近某水厂每天弃排的反冲洗水（4000m³/d）作为补充水源，并建设蓄清排浑沉沙池，以形成良性循环的生态水环境。

8.2.3 案例小结

沉沙蓄清排洪方案的实施，可节省近800万元的工程投资和相应缩短建设工期，排洪管上面经回填后可用于建设规划中的设备房，改造后的水库可保证下游灌溉用水、整个商业地产的景观和消防用水，经济效益可达216万元/年，非常可观。另外，按每10年水库清淤一次，需放空的水量损失，每次高达57.8万元，相当于每年可节省近6万元。工程改造遵循生态水利的科学理念，并充分体现"流水不腐"的道理。

参 考 文 献

[1] 中华人民共和国住房和城乡建设部. GB 50445—2008 村庄整治技术规范 [S]. 北京：中国建筑工业出版社，2008.

[2] 刘树昆. 中国生态水利建设 [M]. 北京：人民日报出版社，2004.

[3] 北京师范大学. 水生态学 [EB/OL]. [2009-04-01]. http://ecology. bnu. edu. cn/hanj/hydrobiology2. ppt.

[4] 蓝世萍，曾伟先. 城市水系规划的实践与思考 [J]. 规划师，2007，23 (9)：22-24.

[5] 郑月芳. 河道管理 [M]. 北京：中国水利水电出版社，2007.

[6] 王晖，靳燕宁. 浅谈绿化混凝土生态护坡 [J]. 水利经济，2006，(5)：68-70.

[7] 毛鑫. 浅谈绿化混凝土 [J]. 中国水利，2004，(19)：57-58.

[8] 丁旭东，杨宏星，赵成仕，王胜利. 绿化混凝土的研究和应用 [J]. 新型建筑材料，2005，(5)：30-32.

[9] 王超，王沛芳. 城市水生态系统建设与管理 [M]. 北京：科学出版社，2005.

[10] 刘军. 日本河流与湖泊的水生植物净化技术现状 [J]. 贵州环保科技，2004，(增刊110)：7-10.

[11] 丁则平. 日本湿地净化技术人工浮岛介绍 [EB/OL]. [2009-04-01]. http://www. jxsks. com/Article. aspx? Boardid=226&ArticleID=439.

[12] 上海欧保环境科技有限公司. 生物浮岛 [EB/OL]. [2009-04-01]. http://www. obao. com. cn/ch/Pro_2. asp.

[13] 中华人民共和国水利部. SL 18-2004 渠道防渗工程技术规范 [S]. 北京：中国水利水电出版社，2005.

[14] 王伟奇，徐丽萍，刘彦君. 土料防渗工程施工技术 [J]. 黑龙江水利科技，2003(1)：131.

[15] 杨志峰，崔保山，刘静玲，王西琴，刘昌明. 生态环境需水量理论、方法与实践 [M]. 北京：科学出版社，2004.

[16] 李海燕，黄延，吴根. 城市住区景观水体补水方案设计及水质保障

[J]. 环境，2006，(S1)：14-19.

[17] 罗少兰. 公园景观水体防渗、补水、水质管理. 林业建设[J]. 2007，(2)：17-20.

[18] 伍贤益. 利用湖泊(河道)淤泥生产粉煤灰空心砖[J]. 建材工业信息，2005，(3)：20-22.

[19] 范锦忠. 国内外淤泥陶粒生产现状及关键技术[J]. 新型墙材，2007，(12)：21-24.

[20] 王君若，蒋正武，陈文光. 河道淤泥烧结多孔砖生产技术[J]. 新型墙材，2007，(8)：28-30.

[21] 原中华人民共和国城乡建设环境保护部. GB 4284—84 农用污泥中污染物控制标准[S]. 北京，1984.

[22] 黄国峰，吴启堂，孟庆强，李芳柏. 有机固体废弃物在持续农业中的资源化利用[J]. 土壤与环境，2001，10(3)：242-245.

[23] 张光明，张信芳，张盼月. 城市污泥资源化技术进展[M]. 北京：化学工业出版社，2006.

[24] 曹仁林，霍文瑞，贾晓葵，李艳丽. 园林绿地施用污泥堆肥对环境影响研究[J]. 环境科学研究，1997，10(3)：46-50.